beck'sche reihe

b^{sr}

Kaum ein menschliches Gebiet ist so reich an Anekdoten wie die Wissenschaftsgeschichte. Hier fällt ein Apfel vom Baum, und die neue Physik ist geboren. Dort starrt einer auf einen Zaun und entdeckt dabei das Prinzip der Holographie. Geschichten wie diese zeigen vor allem eines: Viele Ergebnisse der Wissenschaften kamen nur zustande, weil sich ihre kreativsten Vertreter weder vom bis dahin Gültigen noch von Autoritäten beeindrucken ließen.

Von diesen so produktiven wie manchmal auch skurrilen Außenseitern, Visionären und Exzentrikern wird hier in 23 kurzen Einzelepisoden erzählt. Ein kurzweilig erzähltes Buch über die Frauen und Männer, deren Virtuosität und «schräge Vernunft» uns und unser Wissen immer wieder in Bewegung brachte.

Elmar Schenkel, Essayist und Schriftsteller, ist Professor für Anglistik an der Universität Leipzig, Mitglied der Freien Akademie der Künste Leipzig und Freier Mitarbeiter der *Frankfurter Allgemeinen Zeitung*. Für seine erzählerischen Arbeiten wurde er u.a. mit dem Hermann-Hesse-Förderpreis ausgezeichnet. Zuletzt erschienen von ihm: *Die Elixiere der Schrift – Alchemie und Literatur* (2003) und *Sprachzirkus – Texte für und gegen den Spaß* (2004).

Elmar Schenkel

Die elektrische Himmelsleiter

Visionäre und Exzentriker in den
Wissenschaften

Verlag C. H. Beck

Originalausgabe

© Verlag C. H. Beck oHG, München 2005
Gesamtherstellung: Druckerei C. H. Beck, Nördlingen
Umschlagentwurf: + malsy, Bremen
Printed in Germany
ISBN 3 406 51136 8

www.beck.de

Inhalt

Vorwort

Kaum ein menschliches Gebiet ist so reich an Anekdoten wie die Wissenschaftsgeschichte. Hier fällt ein Apfel vom Baum, und die neue Physik ist geboren. Dort entdeckt einer, während er beim Tennisspielen auf einen Zaun starrt, das Prinzip der Holographie. Ein anderer will eine Straße überqueren, wird von einer Ampel aufgehalten, und mit einem Schlag wird ihm das Prinzip der Kettenreaktion bei der Kernspaltung deutlich. Noch einer ist müde, schaut ins Kaminfeuer, sieht in den Flammen eine Schlange, die sich in den Schwanz beißt, und weiß nun plötzlich, wie das Molekül des Benzol aufgebaut ist. Es gibt so etwas wie eine «Nachtseite der Naturwissenschaften», wie Gotthilf Heinrich Schubert das 1808 in seinem Buch gleichen Titels genannt hat, eine Traum- und Schattenseite, die unserem Unbewußten zugänglich ist, unserer Intuition. Man könnte auch von einer subjektiven Diagonale sprechen, die sich assoziativ quer durch verschiedene Erkenntnisfelder zieht. So hat Arthur Koestler von einem Prinzip der Bisoziation gesprochen, die den kreativen Impuls auslöst: eine Verbindung von grundverschiedenen Bereichen, die blitzartig Ähnlichkeiten zeigen. Nichts anderes geschieht in der poetischen Metapher, der man seit der Romantik auch ein Potential von Erkenntnis im Subjektiven wie im Objektiven zugesprochen hat. Aber nicht nur für die Wissenschaftler selbst ist diese Nachtseite von entscheidender Bedeutung.

Viele Menschen stehen der Wissenschaft feindselig bis indifferent gegenüber, weil sie die Inkarnation des Objektiven zu sein scheint. Nun kann eine Beschäftigung mit den subjektiven, den «schrägen» Seiten der Vernunft dazu verhelfen, Zugänge zu schaffen zu den fremden Universen der modernen Wissenschaften. Wenn Jorge Luis Borges, dessen «magischer Realismus» zu einer poetischen Gattung in der Moderne wurde, einmal gesagt hat, die Theologie sei ein Zweig der phantastischen Literatur, so möchte man hinzufügen: Die Wissenschaften sind insgesamt ein Zweig der Phantastik – denn so weit schon haben sie sich von unseren Alltagserfahrungen entfernt.

Ursprünglich wollte ich die vorliegenden Porträts unter dem Titel «Und sie bewegt mich doch» zusammenfassen. Als Titel erschien mir der Satz dann aber zu undurchsichtig. Gleichwohl enthält er einiges der Intentionen, mit denen dieses Buch geschrieben wurde.

Der Satz erinnert an Galileis trotziges, vielleicht aber nie ausgesprochenes Wort, nachdem das Anathema über seine Lehre verhängt war: *Eppur si muove* – sie [die Erde] bewegt sich doch. Damit wollte der Pisaner sein modernes Weltbild der konservativen Einstellung der Kirche gegenüber behaupten. Es ist ein Satz, der ihn für die Orthodoxie zum Außenseiter macht. Die modernen Wissenschaften haben sich überhaupt erst entwickeln können, weil ihre kreativsten Vertreter immer wieder Außenseiter waren. Das Neue ist per definitionem nie das Anerkannte, das von Autoritäten und öffentlichen Meinungen getragen wird. Das gilt auch für die Verhältnisse innerhalb der Wissenschaften, die ebenfalls nur zögerlich das Neue zulassen.

Wenn ich aber statt «Und sie bewegt sich doch» sage: «Und sie bewegt *mich* doch», so sollte damit zum Ausdruck kommen, daß es bei den hier vorgestellten Wissenschaftlern und Wissenschaftlerinnen auf eine subjektive Komponente ankommt. Diese Menschen wurden von ihrem Gegenstand, von der Wissenschaft, der Natur so bewegt, daß sie gar nicht anders konnten, als den Dingen auf ihre Weise auf den Grund zu gehen. Das gilt für jeden Wissenschaftler, der sich seine Kreativität erhalten hat: Er ist neugierig und geht lustvoll in seiner Arbeit auf. Die hier ausgewählten Forscher haben diese Art von Wissenschaft auf besonders auffällige Weise in ihrem Leben praktiziert, bis hin zum Zwangsverhalten. Wenn einer das statistische Denken zu seinem Lebensinhalt macht, wie der Viktorianer Francis Galton, dann muß er eben auch Untersuchungen anstellen über das Gewicht britischer Adliger, die Wirksamkeit von Gebeten oder die ideale Länge eines Henkerstricks. Die vorgestellten Exzentriker zeigen nur auf deutlichere Art die Dispositionen, die wohl die meisten Wissenschaftler antreiben.

Deshalb ist es kein Wunder, daß auch große Geister wie Newton hier anzutreffen sind. Was Newton wirklich bewegte, zeigte er nicht in der Öffentlichkeit, sondern hinterließ es in einem denkwürdigen Koffer. Darin finden sich die Manuskripte zur Alchemie, Mystik und Theologie, die den geistigen Untergrund seiner berühmten Entdeckungen in Optik, Mathematik und Astronomie bilden. Es ist ein Untergrund, den wir aus heutiger Sicht subjektiv und vormodern, geradezu babylonisch nennen würden. Aber es ist dieser Untergrund, der ihn bewegte. Ein guter Teil dieses Buches beschäftigt sich daher mit den unbekannten Teilen der Werke von bekannten Autoren, wie etwa August Strindberg oder Sir Arthur Conan Doyle.

Einen besonderen Fall stellen die Frauen dar. Vier weibliche Vertreter der Wissenschaften sind hier zu finden. Aus heutiger Sicht erscheinen uns die meisten durchaus nicht exzentrisch, weil sie einfach nur Rechte für sich beanspruchten, die lange Zeit allein den Männern zugestanden wurden. So mußte jede wissenschaftlich interessierte Frau zu ihrer Zeit exzentrisch erscheinen. Margaret Cavendish, die Herzogin von Newcastle, war es wohl in der Tat. Marie Curie ist dagegen schon wieder exzentrisch zu nennen, weil sie oberflächlich gesehen extrem nüchtern und stoisch war.

Gern hätte ich noch viele echte Exzentriker vom Schlage der Flacherdtheoretiker, der Anhänger der Lehre, Francis Bacon sei Shakespeare, oder der Hohlweltfanatiker vorgestellt. Aber über diese gibt es schon gute Literatur, die nicht noch einmal wiedergekäut werden muß, etwa das Buch von John Michell und die Bücher von Martin Gardner, denen ich ohnehin einiges verdanke. Die Idee war allerdings auch nicht, eine möglichst bunte Sammlung schräger Vögel aufzustellen. Das ist eine Ornithologie anderer Art, auch wenn solche unterhaltsamen Elemente nicht fehlen dürfen. Mich interessierte sehr viel mehr das Verhältnis von Kreativität und Wissenschaftlichkeit, von zwei Polen, die sich nicht nur ergänzen, sondern auch in einer Spannung stehen – bis hin zur gegenseitigen Auslöschung. Nennen wir es auch Phantasie und Rationalität, jenen Anteil des Irrationalen am Rationalen, von denen Einstein sagte, sie wären eben nichts ohne einander. Ohne Imagination kann die Vernunft überhaupt nicht in Bewegung kommen. Deshalb interessiert mich das Querdenken auch als eine Quelle jeder Originalität und Innovation, als Möglichkeit anderer, neuer Formen von Wissenschaft, die wir derzeit noch nicht definieren können.

Ein Name, der in jedem dieser Porträts auftauchen könnte – und das geschieht auch sehr oft –, ist der Goethes. Als Person war er wohl das Gegenteil eines Exzentrikers, zumindest was sein öffentliches Bild angeht, doch war er wissenschaftlich immer ein Quer-

und Selbstdenker. Das Selbstdenken aber war für ihn verbunden mit visionären Einsichten in die Entwicklungsgeschichte der Natur und führte zu unorthodoxen Erkenntnissen. In der Farbentheorie legte er sich bekanntlich mit Newton an, und seine *Urpflanze* ist ein Archetyp, an dem die moderne Biologie nicht besonders interessiert scheint. Goethe war einer, der das «Sie bewegt sich» mit dem «Sie bewegt mich» zu vereinigen suchte. Eine solche Einstellung ist vielen Querdenkern zu eigen: von Athanasius Kircher bis zu Swedenborg, Fechner und Kükelhaus.

Was John Stuart Mill vor gut einhundertfünfzig Jahren sagte, gilt heute, im Zeichen von Großlabor und einer oft opportunistischen Jagd auf Drittmittel, ganz besonders: «Daß heute so wenige wagen, exzentrisch zu sein, bezeichnet die Hauptgefahr unserer Zeit.»

Dies Buch widme ich den kreativ-exzentrischen Bewohnern der Wichernstraße 28 in Leipzig (Anger-Crottendorf).

Leipzig, im Januar 2005   Elmar Schenkel

Der Ägyptische Ödipus

Athanasius Kircher

Athanasius Kircher, ein Jesuit aus Geisa in der Rhön, einer der gelehrtesten Menschen seiner Zeit, wurde von Unfällen und Gefahren heimgesucht. In seiner Kindheit entging er viermal knapp dem Tod: in einem Mühlrad, bei einem Pferderennen und in der Krone eines Baumes, wo er aus Angst vor Räubern und wilden Tieren übernachtete. Die vierte Gefahr war eine lebensgefährliche Entzündung der Haut, von der ihn das Gebet befreite. Die Errettung aus diesen Gefahren führte ihm vor Augen, daß der Himmel ihm ein besonderes Schicksal zugedacht haben könnte: die Gefahr und das Rätsel.

Am 2. Mai 1602 wurde er bei Fulda geboren, als Sohn eines überaus gelehrten Theologen. Früh widmete er sich selbst der Gelehrsamkeit. Er besuchte eine Jesuitenschule und lernte dazu Hebräisch bei einem Rabbi. Zu Beginn des Dreißigjährigen Krieges, dem die große Bibliothek seines Vaters durch einen Brand zum Opfer fiel, trat er als Novize in das Paderborner Kolleg ein. Vor dem anrückenden Feind der Jesuiten, Christian von Braunschweig, floh er mit zwei anderen Kollegiaten nach Köln. Bei der Überquerung des vereisten Rheins versank Kircher in den Fluten und wurde von seinen Freunden aufgegeben. Doch er schwamm durch das eiskalte Wasser und tauchte einige Stunden später in Neuss wieder auf.

Nach Studien in Köln und Koblenz wurde er nach Heiligenstadt geschickt, um dort Mathematik, Hebräisch und Syrisch zu lehren. Der Weg führte durch protestantisches Gebiet, doch Kircher lehnte es ab, seine jesuitische Tracht zu verbergen. So wurde er von protestantischen Soldaten gefangengenommen und geschlagen; man wollte ihn aufhängen. Seine stoische Gelassenheit beeindruckte einen der Soldaten jedoch so sehr, daß er seine Freilassung durchsetzen konnte. Kircher begann sich früh mit mechanischen Geräten und Erfindungen zu beschäftigen und beeindruckte mit einer Vorführung den Erzbischof von Mainz, der ihn zu sich nach Aschaffenburg einlud, wo er seine ersten Untersuchungen zum Magnetismus niederschrieb. 1628 wurde Kircher zum Priester geweiht und entdeckte in einer Bibliothek zum ersten Mal die Hieroglyphen der Ägypter in einem Buch über den Sixtinischen Obelisken von Rom. Damit verbanden sich mit einem Mal zwei Orte, die die Pole seines geistigen Lebens bilden sollten: Ägypten und Rom. Sein Wunsch, als Missionar nach China zu gehen, wurde abgelehnt. 1631 hatte er einen Traum oder eine Halluzination: Er sah schwedische Soldaten unten im Hof marschieren. Daraufhin weckte er seine Kollegen, doch niemand hatte etwas gesehen. Wenig später begann in der Tat die Invasion des schwedischen Königs Gustav Adolf, die den Kriegsverlauf entscheidend veränderte. Kircher mußte erneut fliehen, diesmal nach Mainz, dann nach Lyon und Avignon. Bei der Untersuchung eines Wasserrads in Avignon wurde er von den Radschaufeln erfaßt und entging nur knapp dem Tod.

In Avignon begegnete er wieder den ägyptischen Hieroglyphen, den Überresten einer rätselhaften Vergangenheit, mit denen man damals noch nicht viel anzufangen wußte: Ein reicher Mäzen der Künste besaß einige Manuskripte und Abbildungen und bat Kircher, ihm bei der Entzifferung dieser Bilderschrift zu helfen. Doch Kircher mußte seine Arbeit unterbrechen, als er vom Kaiser als Nachfolger Keplers nach Prag berufen wurde. Man bestieg ein Schiff, Kircher und seine Reisegefährten wurden krank, man setzte sie auf einer Mittelmeerinsel aus, während der Kapitän mit ihrem Hab und Gut davonsegelte. Kircher und seine Begleiter segelten bald weiter, doch bei Genua gerieten sie in einen Sturm, der sie in einer Bucht gefangenhielt. Kaum waren sie wieder auf dem offenen Meer, brach erneut ein Sturm aus und warf sie an die Küste zurück. Auf dem Schiff hieß es bald, die Anwesenheit des Gelehrten verursache Stürme. Bei dem erneuten Versuch weiterzusegeln, wurde das Schiff zunächst nach Korsika, dann an die italienische Küste getrieben. Doch auch alle Stürme führen nach Rom. Kircher vergaß den Lehrstuhl für Mathematik in Prag und machte sich auf eine Wallfahrt in die Heilige Stadt. Hier wurde er wohlwollend von den Jesuiten aufgenommen. Im gut ausgestatteten Römischen Kolleg sollte er nun bis an sein Lebensende forschen und lehren dürfen.

Von Rom aus erschloß er sich die Welt durch Bücher und ausgedehnte Korrespondenz. Sein enzyklopädisches Wissen und seine aufgeschlossene Art machten ihn zu einem Anziehungspunkt für alle gelehrten Besucher der Stadt. Ein Holländer schrieb: «Verpaßt nicht die Gelegenheit, den Pater Athanasius Kircher zu treffen, einen Experten der unbekannten Sprachen und der Mathematik.» Der Jesuitenorden verhalf Kircher außerdem zu einem umfangreichen Netz von Kontakten in aller Welt, die es ihm ermöglichten, seine außerordentlichen Sammlungen zusammenzutragen. Er war eine Art Ein-Mann-Akademie, das Zentrum eines Netzes, in dem die Informationen zusammenkamen. Er verließ Rom oder das geliebte Latium nur selten. 1636 reiste er einmal als Beichtvater mit dem Landgrafen von Hessen-Darmstadt durch Italien nach Sizilien und Malta. Kircher interessierte sich für alles: Mineralien, Botanik, Urgeschichte, die Fata Morgana und den Vulkanismus. In Syrakus wollte er wissen, wie Archimedes die römischen Schiffe mit einem Sonnenspiegel in Brand gesetzt hatte. Descartes hatte dies für eine Legende gehalten, die den Möglichkeiten der Optik widerspräche. Doch Kircher fand heraus, daß Archimedes in der Tat dazu in der Lage gewesen sein konnte, sofern die Schiffe nicht weiter als dreißig Schritt von der Küste entfernt waren. Hundert Jahre später verbrannte Buffon in den Tuilerien mit Hilfe von Sonnenspiegeln ein Stück Holz aus einer Entfernung von 150 Schritten. Auf dem Rückweg von Syrakus kam die Reisegesellschaft des Landgrafen in die Nähe der Vulkane Ätna und Stromboli, die gerade aktiv waren. In Tropäa geriet man in ein Erdbeben, und kaum hatten die Reisenden Neapel erreicht, da begann sich der Vesuv zu regen. Doch Kircher, wagemutig wie Professor Lidenbrock in Jules Vernes *Reise zum Mittelpunkt der Erde*, ließ sich in den Vulkan abseilen, um sich ein genaues Bild von seinem Inneren zu machen.

Nach diesen Abenteuern im Dienste der Wissenschaft widmete er sich in den nächsten vierzig Jahren bis zu seinem Tod im Jahre 1680 der Forschung und der Publikation seiner Schriften. Alle drei bis vier Jahre wandte er sich neuen Themen zu, was bei anderen Gelehrten auch Stirnrunzeln hervorrief. Seine Sammlung von Kuriositäten, Geräten, Maschinen und Naturwundern wurde zu einem der ersten Museen der Welt. Das Museo Kircheriano oder Kircherianum im Römischen Kolleg war ein Mikrokosmos für sich. Man konnte dort an Obelisken und sprechenden Büsten entlangschreiten, das Skelett eines Neugeborenen studieren, Papstporträts vergleichen, aber auch außereuropäische Kulturen kennenlernen: Bilder des Dalai Lama, eine Statue des Konfuzius, Amulette und Talismane oder ein getrocknetes Krokodil, das von der Decke hing. Kircher sorgte dafür, daß man die Ordnung, die man hier durchschritt, auch dem Sinne nach erfaßte, indem er die Wände und Decken mit astrologisch-kabbalistischen Hinweisen versah, mit Sternbildern und mystischen Sprüchen. Nach seinem Tod wurde das Museum neu geordnet, löste sich aber im 19. Jahrhundert gänzlich auf.

Athanasius Kirchers Leidenschaft galt den Ursprüngen, und seiner Lehre nach fand man sie in Ägypten: die Sprachen der Welt, die Religionen und die Wissenschaften. Auch die Indianer, die Inder und die Chinesen sind von Ham, dem Sohne Noahs, belehrt worden. Doch gehen auch alle Irrtümer auf denselben Ham zurück, den Kircher mit dem Trojanischen Pferd vergleicht. Diesem Pferd entsprangen die antiken Irrtümer, Ideen wie die Pluralität der Welt oder die Göttlichkeit der Sterne sowie die absurden Dogmen von der Seelenwanderung. In seinem Werk *Ödipus Ägyptiacus* (1652–54) bildet er Tafeln ab, in denen die Verwandtschaft religiöser Begriffe bei den Ägyptern, den Anhängern des Zarathustra, den Kabbalisten, Orphikern und Platonikern gezeigt wird. Er vergleicht die Formen der Verehrung bei den Indern, Chinesen und Ägyptern und stellt erstaunliche Parallelen fest. Auch wenn er an der obersten Autorität des christlich-katholischen Glaubens festhielt und den Islam bekämpfte, so legte er mit diesem Werk doch die ersten Grundlagen für eine vergleichende Religions- und Sprachwissenschaft.

Als Kircher die Größe der Arche Noah berechnete, beunruhigte ihn die Erinnerung an die vorsintflutlichen Riesen im Buch Genesis. Er stellt daher fest, daß Noah und seine Familie nicht aus diesem Geschlecht stammen konnten, denn für acht Riesen wäre die Arche zu eng gewesen. In seinem reich bebilderten Werk über die Arche Noah erfahren wir, daß die einzigen niederen Lebewesen, die auf die Arche durften, die Schlangen waren. Die anderen Tiere, einschließlich der Mäuse und Frösche, pflanzen sich nicht sexuell fort. Kircher fügt hinzu: Wenn dies so aussähe, so sei es doch ein Irrtum. Was wir für Kopulation hielten, sei eine ganz andere Tätigkeit: Sie jucken sich einzig ihre Hinterteile. Auch der Panther wird nicht zugelassen, da er sich mit allem paaren will. Bei der Klassifikation der Tiere verzichtet Kircher auf die komplizierten Probleme der Zoologie und entscheidet sich für eine Ordnung nach dem Gewicht. Somit führt der Elefant die lange Parade von Tieren an, bei der auch Einhörner und Meerjungfrauen mitziehen. Für die Existenz dieser

Wesen besaß der Autor Beweise, die in seinem Museum besichtigt werden konnten.

Der zweite große Bau, dem Kircher ein eigenes Werk widmete, ist der Turm von Babel. Er stellt fest, daß ein Turm, der den Himmel erreichen sollte, wie es in der Bibel steht, eine Höhe von ungefähr 200 000 km haben müßte, das ist die Entfernung von der Erde zum Mond. Ein solches Gebäude wäre so schwer, daß es die Erde aus dem Mittelpunkt des Universums schleudern würde. Eine Abbildung zeigt die Erde mit einem solchen unmöglichen Turm, der an das Horn eines Einhorns erinnert. Als Geograph widmete er seinem geliebten Latium sowie dem chinesischen Kaiserreich umfassende Monographien. Die chinesische Schrift erwies sich als weiterer Abkömmling der ägyptischen Hieroglyphen, und so konnte Kircher als erster ein Vokabular dieser Sprache aufstellen. Die Illustrationen sind zahm und verwegen zugleich. Die Pagoden ähneln babylonischen Zikkurats, die Berge sind von Drachen bewohnt, und aus dem Meer erhebt sich eine riesige Lotosblume, auf der ein strahlendes Wesen verhüllt in Tüchern hockt. Er hält es für Isis, doch scheint sich hier eine Muttergottheit mit Erinnerungen an den Buddha vermischt zu haben.

1666 wurden bei Ausgrabungen in Rom unter Papst Alexander VII. Teile eines zerbrochenen ägyptischen Obelisken gefunden. Kircher wurde gebeten, die Entzifferung der Hieroglyphen vorzunehmen. Doch waren nur drei Seiten zu sehen; die vierte Seite lag zur Erde hin und konnte nicht untersucht werden. Kircher ließ sich Kopien der drei Seiten anfertigen und erschloß aus diesen Hieroglyphen diejenigen auf der verdeckten Seite. Als der Obelisk aufgerichtet worden war, stellte man fest, daß Kircher richtig vorausgesagt hatte. Er beschrieb diesen Vorgang in seinem Buch *Obeliscus Ägyptiacus* (1666). Zuvor hatte er einen Obelisken entziffert, den Papst Innocenz X. hatte aufrichten lassen. Kircher gehörte zu den ersten, die in den Hieroglyphen keine Dekoration sahen, sondern eine Schrift erkannten. Allerdings las er die Zeichen im Sinne religiös-metaphysischer und mystischer Texte. Als François Champollion 1822 durch die dreisprachigen Inschriften auf dem Stein von Rosette den Schlüssel fand, mußten die Entzifferungen Kirchers fallengelassen werden. Die Texte sprachen nicht von Weisheit, sondern von Stammbäumen. Kirchers ägyptologischem Pioniergeist verdanken wir auch die erste koptische Grammatik im Westen.

Kirchers Schriften zur Musik dagegen haben bis in die Gegenwart hinein die Geister angeregt. Johann Sebastian Bach etwa bewunderte den Jesuiten und bewegte sich in seinen Kompositionen auf einem ähnlichen Pfad zwischen Magie und Kalkül. In seinem großen Traktat über die Musik berichtet Kircher über den Ursprung und die Ziele der Musik, ihr Verhältnis zu den Emotionen und zur Mathematik. Zu einem Gedicht von Pindar notiert er die Melodie, die er in einem alten Manuskript in einem sizilischen Kloster gefunden haben will, ein Manuskript, das sonst leider niemand je gesehen hat. Ein weiteres Buch entsprang der Rivalität zu einem zeitgenössischen Universalgelehrten, dem Engländer Sir Samuel Morland. Dieser hatte behauptet, das Megaphon erfunden zu haben. Zum Beweis, daß er es vor Morland erfunden hatte, veröffentlichte Kircher im Jahre 1673 *Phonurgia Nova*. In diesem Buch teilt er unter anderem mit, daß er seit Jahren mit Hilfe eines Megaphons, das über drei Kilometer zu hören sei, die Pilger zu seinem Schrein rufe. Überhaupt neigte Kircher zur Schaustellerei und zur Inszenierung. Sie waren nicht zuletzt Teil des Programms der Gegenreformation, in deren Zentrum die Jesuiten standen. Ihnen kamen die neuen Medien wie laterna magica, camera obscura, das Megaphon oder theatralische Maschinen eben recht, um über Effekte religiösen Schauer hervorzurufen, ebenso wie die Pracht des Barock kaum ohne diese Konkurrenz zum Protestantismus zu denken ist. Mittels akustischer und optischer Geräte soll Kircher auf einem Berg eine Schau von Engeln erzeugt haben. Auch hier erinnert er an Jules Verne, der in seinem Roman *Das Schloß in den Karpathen* eine Phantasmagorie mit Hilfe der Technik entstehen ließ. Kircher stellt in seinen technischen Schriften zahlreiche Automaten und sprechende Statuen vor, Geräte zum Abhören von geheimen Gesprächen, magische Laternen, Lautsprecher und äolische Harfen. Unter den vielen Apparaten, die er selbst zur Belustigung oder Belehrung baute, findet sich eine «musarithmische Arche», eine Maschine zur automatischen Komposition von Musikstücken. Auch an ein magnetisches Orakel hat er gedacht. Seine letzten Jahre wurden überschattet von den Angriffen der Alchemisten, die er nicht ungern kritisiert hatte. Allerdings behauptete er selbst, eine Pflanze aus ihrer eigenen Asche wiederhergestellt zu haben – insofern war auch Kircher ein Alchemist.

Umberto Eco, dem Kircher wie ein Zeitgenosse erscheint, vermutet, daß dieser Mann äußerlich ein zufriedenes Leben führte,

unter dessen Oberfläche sich aber möglicherweise ein Leidens-
druck verbarg, der ihn in die endlosen Weiten seiner phantastischen
Wissenschaften trieb. Kircher ist eine Erscheinung zwischen den
Zeiten. Das Alte und das Neue vermischen sich manchmal auf
undurchdringliche Weise in seinen erstaunlichen Werken. Am Ende
seines Lebens schickte Kircher die Reliquien von 14 Heiligen an
seine Heimatstadt Geisa in Hessen. Damit wollte er seiner Stadt in
ihrer religiösen Konkurrenz gegen den Nachbarort beistehen.

Das ewige Perpetuum

Orffyreus alias Johann Ernst Elias Bessler

Seit der Mensch das Paradies verließ, verbindet sich die Erinnerung daran mit allem, was unmöglich erscheint. Wer das Unmögliche verwirklichen will, muß das Paradies zurückholen auf die Erde. Nicht von ungefähr sprechen die Träume der Alchemisten von Dingen, die auch die spanischen Eroberer in Amerika suchten. Sie reden vom Gold und vom ewigen Jungbrunnen, von Elixieren und vom El Dorado, von Vorspiegelungen also des perfekten Zustands, der höchsten Macht, des Paradieses, das uns alles gibt, vor allem aber das ewige Leben. Auch die Ingenieure, Techniker und Mechaniker teilten diesen Traum. Der Tod aber, den man in der physikalischen Welt überwinden muß, heißt Schwerkraft. Vielleicht könnte man jedoch eben diese Kraft, die alles nach unten zieht auf dieser Welt, in Arbeit zum Wohle der Menschheit umwandeln?

Mit dem Beginn der Neuzeit verdichtet sich der Glaube, das Paradies sei, wenn nicht auffindbar, so doch machbar. Maschinen könnten den Menschen vom Fluch befreien, den der Sündenfall ihm eingebracht hatte: «Im Schweiße deines Angesichts sollst du dein Brot essen, bis du wieder zu Erde werdest.» Die Maschine verspricht ein Leben ohne Schweiß und Mühsal und vielleicht Unsterblichkeit. Die Projektemacher treten auf den Plan, die Maschinenbauer und Konstrukteure. Die Maschinen sollen nicht mehr nur wie im Mittelalter Burgen belagern und zerstören können oder Dinge transportieren, indem sie von Tieren gezogen oder von Wind und Wasser angetrieben werden. Vielmehr lautet die neue Formel: Die Maschinen sollen sich selbst bewegen. Das Auto-Mobil ist geboren, zumindest in der Phantasie. Leonardo da Vinci spricht von solchen selbstbewegenden Wagen, und der sächsische Erfinder Melchior Bauer bietet 1763 dem englischen und preußischen König einen «Cherubwagen» an, welcher sich wie der Feuerwagen des Propheten Ezechiel bewegen soll.

Die Maschinen sollen den Menschen von der Natur, von der gefallenen irdischen Kondition befreien. Naturbeherrschung allein reicht aber nicht aus für eine Rückkehr ins Paradies. Man muß vielmehr die Naturgesetze selbst aushebeln, den archimedischen Punkt finden, um den sich die Natur dreht. Es gibt eine Maschine, der dies möglich ist: das Perpetuum Mobile. Es gibt sie im Reich der Ideen. Wer sie umsetzen kann in die Wirklichkeit, wird der Welt das Paradies zurückgeben. Wir können sie so definieren: Das Perpetuum Mobile ist eine Maschine, die, einmal angestoßen, sich ohne weitere Zufuhr von Energie unbegrenzt weiterbewegt.

Warum drehen sich Sonne, Mond und Himmelskörper endlos umeinander? Sie müssen solche selbstbewegten Maschinen sein, oder wenigstens die Kristallscheiben, an die sie – wie man einmal vermutet hat – geheftet sind. Wie die Alchemisten sahen sich die Erfinder des Perpetuum Mobile gern in einer uralten Tradition, die von der Antike bis in ihre, ja bis in unsere Gegenwart reicht. So schrieb der heilige Augustinus, im Tempel der Venus habe eine ewige Lampe gestanden, die ohne jede Ölzugabe endlos brannte. Im Grab der Tochter Ciceros will man eine solche Lampe gefunden haben. Claudianus berichtet, Archimedes habe eine Kugel gebaut, in der sich ein Himmelsgewölbe immerwährend drehe. Es sei von Geistern angetrieben worden, die Archimedes im Inneren eingeschlossen habe. Dies ist der einzige Hinweis aus einer Zeit, die allerdings große Fortschritte in der Mechanik aufzuweisen hat. Heron von Alexandrien baute singende Statuen, Mechanismen zur automatischen Betätigung von Tempeltüren sowie den Vorgänger der Dampfturbine.

Viele der späteren Konstrukteure von Automaten und Androiden haben sich für das Perpetuum Mobile interessiert. Es mußte ihnen als Fortsetzung all jener nickenden Adler, lilienspeienden Löwen und automatischen Diener erschienen sein, wie sie Albertus Magnus oder Leonardo erdachten und wie sie an den Höfen der Kaiser und Päpste zu Beginn der Neuzeit zu sehen waren. Eine weitere Mitteilung über eine fortlaufend bewegte Maschine kommt aus dem Land, in dem zeitliche Zyklen von immenser Dauer wichtige Bestandteile des Weltbildes sind, aus Indien. Der Dichter, Astronom und Mathematiker Bhaskara verfaßte im Jahre 1150 n. Chr. ein Lehrgedicht, in dem er unter anderem ein ewig sich selbst drehendes Rad beschreibt. Der erste Europäer, der an einem Perpetuum

Mobile arbeitete, war im ausgehenden Mittelalter der französische Architekt Villard de Honnecourt. Neben Sägemaschinen und Schraubenwinden baute er ein mit Schlegeln versehenes, selbstdrehendes Rad. Die Blütezeit der Perpetua setzt aber erst um 1690 bis 1750 ein, als man begann, das Universum selbst als ein großes Uhrwerk zu begreifen, das, einmal in Bewegung gesetzt, unaufhörlich arbeiten würde. Wenn diese große Uhr beständig tickt, sollte es doch möglich sein, eine kleine Uhr ebenso ständig ticken zu lassen. Könnte man die Schwerkraft richtig einsetzen, so wäre eine solche unausgesetzt laufende Maschine möglich. Athanasius Kircher hatte versucht, dies theoretisch zu begründen. Der Marquis von Worcester (1601–1667) will neben dem Fliegenden Mann und dem Segelwagen ein Perpetuum gebaut haben, das er dem König und seinem Hof unter großem Jubel im Tower vorführte. Auch der Entdecker der Sonnenflecken, der Jesuit Christoph Scheiner, arbeitete am Perpetuum. Der Erfolg war jedoch mit einfachen Geräten nicht zu erreichen, und so begann man Räder an Räder, Pendel an Pendelsysteme, Gestänge an Schraubenwinden zu koppeln, Magneten einzusetzen oder hydraulische Anlagen zu errichten. Die Objekte wurden immer aufwendiger und komplizierter. Doch haftete ihnen etwas Monströses, gar Diabolisches an. Daß gerade viele Jesuiten unter den Erfindern sind, ist vor allem aus dem Zusammenhang der Gegenreformation zu verstehen. Die technisch konstruierte Magie half dabei, dem Menschen durch Angst den Glauben wieder zurückzubringen. Auch chemische Perpetua wurden entworfen, doch bleiben die Bestandteile im dunkeln und erinnern an die geheimnisvollen Vorschläge, einen Homunculus herzustellen. Die Projekte sind allesamt von einem Nebel umgeben, der das «große Geheimnis vor der bösen Welt» verwahren soll, wie es der Erfinder eines magischen Perpetuum im Jahre 1745 formulierte.

Vor diesem Hintergrund ist die Geschichte des Johann Ernst Elias Bessler zu sehen, der sich Orffyreus nannte. 1680 wurde er bei Zittau als Sohn eines Bauern geboren und zeigte früh eine große Begabung für Mathematik und Mechanik. So kam er auf das Gymnasium, zog dann durch die Lande, bereiste Böhmen, Mähren und Österreich, arbeitete als Maler, Uhrmacher, Glasbläser, Kupferstecher und Astrologe. Mit seinen Talenten kämpfte er sich durch widrige Lebensumstände und war dabei oft zum Verhungern arm. Einmal wurde er in einem Kloster aufgenommen und wieder aufgepäppelt. Hier muß er einen Apparat gesehen haben, der ihn auf die Spur brachte. In den Klöstern war wie in den Wirtshäusern seit einiger Zeit der automatische Bratenwender sehr beliebt, bei dem der Braten durch die aufsteigende Hitze stetig rotierte. Bessler war ein vielseitiger Mann und lernte von Orgelbauern, Tischlern und Schlossern. Eines Tages traf er einen Alchemisten, der ihn in die Geheimnisse seiner Zunft einführte. Er ließ sich in die mystische Lehre der jüdischen Kabbala einweihen und lernte Hebräisch.

Zu dieser Zeit, um 1717, legte er sich auch einen neuen Namen zu: Orffyreus. Die Buchstabenmystik der Kabbala mag ihn dazu bewogen haben, seinen Namen zu ändern oder besser: zu vergolden. Als «Orffyreus» enthielt er nun Gold, frz. *or*, lat. *aurum*. So verhalf ihm die Magie der Sprache zu einem vielversprechenden Neubeginn. Um auf diesen Namen zu kommen, soll er ein Buchstabenspiel durchgeführt haben. Er legte die Buchstaben des Alphabets in zwei Reihen oder in einen Kreis einander gegenüber, so daß A und N die Eckpunkte bilden. Von den Buchstaben seines Namens Bessler zog er sodann Linien zu den gegenüberliegenden Buchstaben und erhielt «Orffyre». Von diesem Namen aber ging eine andere Ausstrahlung aus. Besslers Leben blieb unregelmäßig, er mußte weiterziehen und als marktschreierischer Quacksalber auftreten. Schließlich aber kam der erste Erfolg. Im Erzgebirge, in Annaberg, gelang es ihm, die Tochter des Bürgermeisters zu heilen. Der Bürgermeister war so dankbar, daß er ihm die Tochter zur Frau gab. Jetzt schien sich ein gewisser Wohlstand einzustellen. Orffyreus konnte endlich jenes Gerät bauen, auf das all seine Studien hinführten, ein Perpetuum Mobile. Es war klein und wurde kaum zur Kenntnis genommen. Einige glaubten wohl daran, andere fanden es lächerlich. Wie auch immer, Orffyreus war nicht zufrieden und zerstörte das Modell. Er zog mit seiner Familie nach Draschwitz bei Zeitz, wo er die Maschine vergrößerte, denn er wollte die Zweifler belehren, die da behaupteten, das sei im Kleinen alles ganz schön und gut, aber im Großen werde es nicht funktionieren.

Wir hören wieder von ihm, als er in Gera und Merseburg mit großen Maschinen auftritt, von denen er behauptet, sie seien Perpetua Mobilia. Die Maschine in Merseburg erregt einiges Aufsehen, die Für und Wider prallen heftig aufeinander. Die Maschine ist grün lackiert, damit niemand hineinsehen kann. Die Prüfer finden keine

Antriebsmöglichkeiten wie Wind, Wasser, Triebfedern, Queck-silber oder ähnliches. Ein Leipziger Mathematiker behauptet, in der Maschine sei nichts als ein Bratenwender versteckt. Ein Maschinen-meister vermutet einen verborgenen Strick, mit dem die Maschine von außen her bedient werde. Ein Uhrmacher aus Dresden will die Maschine schon vor Orffyreus erfunden haben. 1715 erscheint in Leipzig ein Buch mit dem Titel: *Gründlicher Bericht Von dem Durch den anitzo zu Merseburg sich befindenden Mathematicum Herrn Orffyreum Glücklich inventirten PERPETUO ac per se MOBILI nebst dessen accurater Abbildung Wie solches seit dem Monath Junio dieses 1715ten Jahres zu gedachten Merseburg von einer großen Menge Hoher Standes-Personen, gelehrter Leute, Künstler und Curiosorum in Augenschein genommen, und genau examiniret, auch allda noch zu sehen ist.*

Hier macht er einige Andeutungen zu seinem Leben, über «tau-senderlei Troublen», die er erlitten, über seinen «unermüdeten Fleiß, Eyfer und Begierde auf Erlangung nutzbarer und sublimer Wissenschaften». Er erwähnt Reisen in fremde Länder, Aufenthalte an ausländischen Akademien und Besuche bei berühmten Künst-lern und Gelehrten. Zehn Jahre habe er nachgedacht, ohne sich etwas anmerken zu lassen. Wenn sich die nun vorgestellte Erfin-dung gut verkaufe, werde er Kupferstiche nachliefern, auf daß jeder sich überzeugen könne von der Korrektheit seiner Maschine.

Er macht sich viele Feinde, trotz aller positiven Zeugnisse. In Leipziger Zeitungen veröffentlicht Orffyreus Anzeigen, die seine Kritiker zu Wetten herausfordern. Er führt seine Maschine dem Herzog von Sachsen sowie Physikern, Mathematikern, Advokaten und Geheimräten vor. Man untersucht die Kammer und die um-liegenden Räume, die Wände, Türen und Fenster, doch Hinweise auf faule Tricks sind nicht zu finden. So bestätigen ihm diese Männer mit einer Urkunde das einwandfreie Funktionieren seiner Maschine. Sie läuft sechs Tage lang ununterbrochen.

Eine Gegenschrift von Johann Georg Borlach, der sich *Kurtze Gedanken* macht, was ein Perpetuum Mobile sei, erscheint im selben Jahr. Seine These lautet, nichts könne sich von selbst bewe-gen, denn alles werde von außen bewegt. «Die Herren Perpetuo-Mobilisten» seien auf dem Holzweg. Der Mathematiker Wagner nimmt sich in einer weiteren Schrift der Orffyreischen Maschine im besonderen an und publiziert einen Stich, der einen Mann in einem

Raum neben dem Perpetuum Mobile zeigt. Dieser Mann zieht an einem Strick, der durch einen Pfosten von der Maschine über die Decke nach außen geleitet wird. Merkwürdig, so Wagner, sei ja wohl, daß Herr Orffyreus sich nicht in seine Karten schauen lassen wolle. Außerdem behaupte er, schon Christus hätte von einem Perpetuum Mobile gesprochen, doch wo eigentlich? In seiner nächsten Gegenschrift aus dem Jahre 1716 schreibt Wagner von einem Besucher, der sich zu Weihnachten die Maschine angeschaut habe und feststellen mußte, daß sie immer langsamer wurde und endlich stehenblieb. Die Leichtgläubigkeit der Gelehrten beweise also überhaupt nichts. Seine Gegner wollen mit Orffyreus um 1000 Reichstaler wetten, daß er keine Maschine bauen könne, die vier Wochen ohne Energie laufe und siebzig Pfund hebe. Das Aufsehen in Merseburg ist jedenfalls groß, und Orffyreus, immer auch Geschäftsmann, nutzt die Gunst der Stunde und hängt eine Geldbüchse an die Maschine. Alle Erträge sollen für wohltätige Zwecke abgeführt werden. Daran will nun auch die Stadt Merseburg verdienen und erhebt eine Tagessteuer von sechs Pfennig. Orffyreus gefällt das gar nicht, und so zieht er bald nach Westen, wo man ihm besser gesinnt ist. Der Landgraf von Hessen-Kassel, ein Freund der mechanischen Künste, hat das sächsische Genie an seinen Hof eingeladen.

Am 12. November 1717 ist es soweit. Die Maschine, das berühmte Rad von Kassel, wird in einem Schloßzimmer in Gang gesetzt. Anwesend bei diesem feierlichen Akt sind der kaiserliche Architekt Fischer von Erlach sowie der Leidener Physiker Willem Jacobus s'Gravesande, ein Freund und Schüler Isaac Newtons. Das Zimmer wird versiegelt und zwei Wochen lang bewacht. Am 26. November läßt der Graf unter Zeugen das Zimmer wieder öffnen, und siehe da, das Perpetuum Mobile dreht sich immer noch unvermindert schnell. Man wiederholt den Vorgang, diesmal auf vierzig Tage, aber am 4. Januar 1718 dreht es sich noch immer. Bei einem weiteren Versuch wird das Zimmer zwei Monate versiegelt. Doch auch dieses Mal kann nur die dauernde Bewegung bestätigt werden. S'Gravesande schreibt 1721 in einem Brief an Newton, wie sehr er dieses Kasseler Rad bewundere. Allerdings scheint auch der holländische Experimentalphysiker leichtgläubig gewesen zu sein. Das Innere der Maschine darf er nicht untersuchen. Er fragt den Landgrafen, ob er nicht an einen Betrug glaube. Der Landgraf aber meint, es handle sich nicht um einen Betrug, und damit ist das Problem für s'Gravesande erledigt.

Auch aus anderen Ländern melden sich Interessenten. Ein Engländer etwa will die Maschine für gutes Geld kaufen. Doch die Kunden wollen sich zuvor den Apparat genau ansehen. Herr Orffyreus erträgt dies Mißtrauen nicht, läßt sich krankmelden und droht gar, seine Maschine zu zertrümmern. Großes Interesse zeigt vor allem der Zar. Peter der Große läßt einen Bericht über die Maschine anfertigen und schickt einen Bibliothekar, der sie für seine Wunderkammer in St. Petersburg kaufen soll. Er läßt sich dabei von Leibniz und Wolff beraten. Leibniz ist ablehnend, Wolff sieht hier etwas Vielversprechendes. Es bleibt bei Verhandlungen und hohen Geldforderungen seitens des Erfinders. 1725 plant der Zar eine Europareise, auf der er auch das Kasseler Rad sehen will. Doch sein Tod kommt ihm zuvor.

1718 meldet Orffyreus sich wieder mit einer Schrift, diesmal mit einer neuen *Nachricht von der curieusen und wohlbestandenen Lauff-Probe des Orffyreischen Perpetui Mobilis* auf der Burg Weissenstein bei Kassel. Diesmal soll die Maschine volle acht Wochen gearbeitet und dabei einen schweren Kasten mit Steinen außen an der Schloßmauer hochgezogen haben. Die Wette habe er somit gewonnen: «Widrigen Falls sich aber ja annoch die Chaldäischen, Aegyptischen, Zanck- und Groll-Süchtigen abentheuerliche Wetter fernern lästerlichen Zweiffels rühmen wolten; NB. So soll hiermit ihrem Geld-Beutel endlich einmahl hinterbracht seyn, daß die in Druck gegebene so höhnische Wette nunmehro eingegangen werden soll.» Der Landgraf von Hessen-Kassel beurkundet das einwandfreie Laufen der Maschine, die «ein solches selbst laufendes Rad sei, welches von seiner innerlichen künstlichen Bewegungskraft so lange laufen kann, als an besagter innerer Struktur und Beschaffenheit nicht abnimmt, zerdrümmert, reißet oder gebricht, mangel- oder schadhaftig wird».

Ein Jahr darauf eine weitere Schrift, pompöser und selbstgefälliger als alle früheren: *Das Triumphirende Perpetuum Mobile Orffyraneum an alle Potentaten/hohe Häupter/Regenten und Stände der Welt.*

Das Buch, in Deutsch und Latein geschrieben, enthält vier Widmungen: an Gott, «den höchsten Verleiher», das Publikum, die Gelehrten und den Erbauer der Maschine selbst. Gott dankt er dafür, von allen Erdenkindern auserwählt worden zu sein, eine solche Wundermaschine zu bauen. Er bittet ihn um Gnade für seine Feinde, die «sein emergirendes Glück zu Boden gestoßen haben». Dem Publikum, den Fürsten und Ständen preist er seine Erfindung, die nun alles übernehmen kann, was einst Wasser, Wind und Tier taten. Er kennt die Zeichen der Zeit und weiß, wo die Zukunft liegt: in der Befreiung des Menschen von räumlichen und zeitlichen Bedingungen. Dafür könnte die Maschine taugen. Sie ist nämlich völlig unabhängig von ihrer Umgebung und hat daher eine «unendliche Applicabilität». Man kann Mühlen mit ihr betreiben, Bergwerke auspumpen, Förderkörbe heben und Sümpfe austrocknen, aber auch Lustgärten animieren mit Wasserspielen. Die Gelehrten grüßt er als «Mitbrüder und Herren Antagonisten» und bedauert sie, daß sie leider nicht «Mütter dieses von mir edirten Foetus ingenii» geworden seien. In seiner grenzenlosen Demut vergleicht er sich mit dem Heiland, der als Kind im Stall geboren wurde. So sei auch er nur ein kleiner Gelehrter, der sich selbstverständlich nicht mit Leibniz, Galilei oder Descartes messen wolle. Gegen gutes Geld, denn er müsse kaufmännisch denken, bietet er nun seine Maschine den Societäten und Republiken, den Klöstern und Adelshäusern wie den Städten und den Zünften an. Für ein entsprechendes Honorar – einhunderttausend Reichstaler seien nun wirklich nicht zuviel verlangt – bietet er sein Modell an: genaue Beschreibungen, Geräteteile und so weiter. Für den Aufbau werde er eigens dafür ausgebildete «habilitirte Künstler» zum Kunden schicken. Es folgen weitere Atteste von der Gräfin, die von verschiedenen Baumeistern, Mechanikern und Mathematikern unterzeichnet werden. Seinen Feinden billigt der Erfinder nur «unterirrdische Klugheit» zu. So da seien: Gärtner, ein Schreiner aus Dresden, Borlach, von Beruf ein müßiger Müller, und Christian Wagner, ein Student aus Leipzig. Diese «eigennäsigen Ehrendiebe, Duckmäuser und Schnarcher» haben «Schmäh-Kupfer in großer Menge durch die Welt fliegen lassen».

Auf einem solchen Kupfer von Borlach sehen wir einen Mann, der die Maschine aus einem Nebenraum mit Hilfe eines Stricks, mit «sophistischen Strick-Zügen» bedient. Doch habe ja die Umsiedlung des Kunstrades in Merseburg gezeigt, daß an dem nichts sei. Unterdessen baut Christian Wagner in Leipzig einen Bratenwender, um nachzuweisen, wie Orffyreus' Rad wirklich funktioniert.

Doch das «Geheimnis, das von Fürsten und Gelehrten nicht ent-hüllt werden konnte, wurde durch die Indiskretion einer Dienst-magd ausgeplaudert», schreibt Frida Ichak in ihrer Geschichte des Perpetuum Mobile. Der verborgene Mechanismus, den niemand entdeckt hatte, war demnach menschliche Arbeitskraft. Orffyreus soll seinen Bruder und eine Magd mit zwei Groschen pro Stunde für Arbeiten am Drehwerk bezahlt haben. Als der Bruder eines Tages verschwand, packte die Dienstmagd aus. Sie hatte vorher schon einmal geplaudert, woraufhin sie der Erfinder zu einem Eid zwang, den sie unterschreiben mußte:

Ich, Anna Rosine Mauersbergerin, die ich hier stehe, ich schwöre bei Gott dem Allmächtigen diesen leiblichen Eid an Euch meinen an-gehörigen Herrn, Johann Elias Orffyré, schwöre teuer und mit gutem Vorbedacht bei dem dreieinigen Gott, daß ich von dieser Stunde an bis in meinen Tod, ja in Ewigkeit, von Euch, meinem bisherigen Herrn, der Ihr hier vor mir steht, nichts Böses reden, schreiben und zeigen und zu einiger Kreatur, sie lebe oder sie lebe nicht, von Eurem Thun und Lassen, Künsten und Geheimnissen etwas entdecken, offenbaren, reden oder schreiben, sondern alles und jedes, was ich weiß, und bei Euch geheimes gesehen oder gehöret, ich in mir verschwiegen und verborgen halten will, so wie Ihr von mir begehret [...] Ich will vor Gott und Menschen, vor zeit-lichem und ewigem Gericht zeitlich und ewig verflucht, verdammt und verloren sein, wofern ich mit Vorsatz, Wissen und Willen von Euch und Euren Geheimnissen, Künsten und Sachen gegen Jeman-den etwas offenbare, sage und entdecke [...] Amen. Amen.

Was wirklich geschah, wissen wir nicht. Vielleicht ist die Auf-deckung der Magd ein weiteres Rätsel, denn wie können die beiden ungesehen ihre Arbeit verrichtet haben, wenn die Gelehrten alle Zugänge und Verbindungen zum Maschinenraum überprüft haben, darunter so große Wissenschaftler, Architekten und Mechaniker wie s'Gravesande oder Fischer? S'Gravesande wußte von dem Vor-wurf des Betrugs, aber er hielt den Trick mit der Magd und dem Bruder für undurchführbar. Möglich, daß mit dieser Auflösung die Gegner zufrieden waren, so wie die Positivisten in unserer Zeit be-friedigt sind, wenn sich zwei Rentner melden, die von sich behaup-ten, die mysteriösen Kornkreise erschaffen zu haben. Orffyreus jedenfalls zerschlug in einem Wutanfall seine Maschine und schrieb in zornigen Lettern an die Wand, das habe er getan, weil der Professor s'Gravesande so neugierig gewesen sei. Das klingt wie Rumpelstilzchen, das seinen Namen nicht entdeckt haben wollte und in ein Erdloch verschwand. Orffyreus soll 1727 versucht haben, die Maschine wieder aufzubauen. 1738 ließ er drei Erfindungen vermelden, die er gemacht habe: eine ewige Fontäne auf stillem Wasser, eine Orgel, die sich selbst spielt, und ein Orffyreisches Schiff, mit dem man jeden Schiffbruch überlebt. 1744 sehen wir ihn noch einmal an einer Maschine arbeiten, diesmal für den König von Preußen, und zwar an einer viereinhalb Stockwerke hohen Windmühle in Fürstenburg. 1745 starb er im Alter von 65 Jahren während der Arbeiten an dieser Mühle. Das Geheimnis der Mechanik seines Perpetuum Mobile nahm er mit ins Grab.

Ein englischer Querkopf, Dr. William Kenrick, veröffentlichte einen Traktat, in dem er Orffyreus' Maschine rehabilitieren wollte. Die Kritiker haben seine Unleserlichkeit beklagt. Spätere Perpetua, die mit versteckten Energiequellen gearbeitet haben, brachten das Kasseler Rad rückwirkend in Verruf, so Redhoeffers Maschine, die 1813 in New York ausgestellt wurde. Kritische Kunden stießen auf dünne Seile aus Katzendarm, die unter den Fußboden hindurch in eine Dachkammer führten, wo ein alter Mann das Rad bediente.

1775 gab die Pariser Akademie bekannt, daß sie keine Vorschläge für ein Perpetuum Mobile mehr untersuchen werde. Die Begründung für die Unmöglichkeit eines Perpetuums wurde einige Jahrzehnte später mit dem Zweiten Hauptsatz der Thermodynamik erbracht. Während der Erste Hauptsatz besagt, daß das Quantum an Energie in einem geschlossenen System immer gleich ist, sagt der Zweite, daß bei jeder Form von Arbeit Energie abgegeben wird. Von nichts kommt nichts, und das Obst, das einmal zur Marmelade gemacht wurde, läßt sich nicht mehr in Obst verwandeln.

Danach war es also geschehen mit den Wunschmaschinen, die uns vorgaukeln wollten, das Paradies sei auf Erden machbar. Doch diese Botschaft drang nicht überall durch, denn der Mensch träumt weiter. Bis heute scheint Orffyreus' Geheimnis Menschen anzuziehen. Einige Webseiten kultivieren sein Andenken und philosophieren weiter über das «Bessler Wheel». Der britische Ingenieur John Collins etwa ist überzeugt, daß Orffyreus nicht betrogen hat (www. free-energy.co.uk). Die Gerüchte um weitere ewige Räder lassen nicht nach: In Norris, Tennessee, soll es ein solches Perpetuum geben, aus dem der Erfinder Asa Jackson zur Zeit des amerikanischen Bürgerkriegs allerdings Teile entnommen hat, um die Funktionsweise zu verschleiern. In Florida steht das Coral Castle, dessen Bauteile aus Korallenfels bestehen und einzeln bis zu 30 Tonnen wiegen. Der Bauherr war zwergwüchsig, und man rätselt bis heute, wie er die Felsen bewegt haben mag.

Der amerikanische Bastler Joe Newman führt seit Jahren einer leicht zu beeindruckenden Fernsehwelt vor, wie er mit einer kleinen Blitzlichtbatterie seinen Straßenkreuzer betreibt. Er fühlt sich wie manch andere Erfinder von Wunschmaschinen von Gott auserwählt, auch wenn sich herausgestellt hat, daß sich die eine Batterie in Gesellschaft von 1806 weiteren befindet.

Die Verwandlung der Insekten

Maria Sibylla Merian

Auf Tafel 18 ihres berühmten Buches über die Insekten, *Metamorphosis insectorum Surinamensium*, finden wir einen Guayavenzweig, auf dem allerlei Getier herumklettert, vor allem sind es Ameisen und Spinnen. Die Ameisen machen Jagd auf die Spinnen, aber auch die Spinnen fressen andere Tiere. Links unten liegt ein bunter Kolibri auf dem Rücken und auf ihm sitzt eine riesige Spinne, die dabei ist, ihn auszusaugen. Es ist dieses grausige Bild, dem wir das Wort «Vogelspinne» verdanken. Gestochen und koloriert hat es Maria Sibylla Merian, die Tochter des großen Kupferstechers Matthäus Merian, die Stiefschwester des ebenfalls berühmten Merian des Jüngeren. Von beiden kennen wir Stadtansichten oder Landkarten, auch Bibelillustrationen. Maria Sibylla stammt also aus einem kunst- und ruhmreichen Frankfurter Hause und hat selbst große Werke botanischer und zoologischer Illustrationen hinterlassen.

Doch warum sollen wir sie exzentrisch nennen? Aus heutiger Sicht erscheint sie uns durchaus nicht exzentrisch, sondern eher als eine Frau, die ihren Weg ging und einen Namen hinterließ. Doch wenn wir uns vor Augen halten, daß sie 1647, ein Jahr vor dem Ende des Dreißigjährigen Krieges, geboren wurde, ist das durchaus auffällig. Ihr Werk bezeugt, daß sie als Frau nach damaligen Maßstäben exzentrisch gewesen ist: besonders auffällig, farbenfroh und prächtig. Frauen waren die Wissenschaften auf lange Zeit verschlossen, sie hatten keinen Zutritt zu Akademien und wurden verlacht, wenn sie mit eigenen Forschungen auftraten. Allenfalls gewährte man ihnen die meist namenlose Rolle der Sammlerin oder Blumenmalerin. Überschritt einmal eine Frau diese gesetzten Grenzen, wurde sie als verrückt verunglimpft, wie etwa die Herzogin Margaret von Cavendish in England, von der im nächsten Kapitel erzählt werden soll. Mit einer erstaunlichen Beharrlichkeit, Geduld und großer, weltoffener Neugier ging Maria Sibylla jedoch ihren eigenen Weg.

Auch wenn ihr der künstlerische Sinn von der Familie in die Wiege gelegt worden war, so hatte sie doch einen schweren Anfang. Ihr Vater, der in der Tochter anscheinend schon früh ein Talent sah und sie ermutigte, starb, als sie drei Jahre alt war. Die Mutter scheint weniger Verständnis gehabt zu haben, denn es heißt, das Mädchen habe sich zurückgezogen in eine Dachkammer und dort ihre ersten Werke gemalt und gestochen. Eine weitere Legende berichtet, daß sie eines Tages aus dem Garten eines Grafen die schönsten Tulpen stahl, um diese abzumalen. Die große Tulpensucht des 16. Jahrhunderts, bei der ganze Mühlen oder Brauereien für eine einzige Zwiebel eingetauscht wurden, war zwar vorbei, doch muß dies ein brisanter Diebstahl gewesen sein. Als der Graf jedoch das Aquarell mit seinen Tulpen sah, soll er zutiefst beeindruckt gewesen sein und keinen Schadensersatz gefordert haben.

Ihr Stiefvater wurde nun Jakob Marell, ein Blumenmaler, der ihr wohlgesinnt war. Mit 11 Jahren beherrschte sie das Kupferstechen. Blumen und Insekten interessierten sie am meisten. Sie begann sogar selbst, Seidenraupen zu züchten, denn sie wollte wissen, wie aus Raupen Schmetterlinge entstehen. «Ich entzog mich deshalb aller menschlichen Gesellschaft und beschäftigte mich mit diesen Untersuchungen», schreibt sie später in ihrem Insektenbuch. Sie war nun nicht mehr nur eine Künstlerin, sondern auch eine Wissenschaftlerin, und zwar in einer Zeit, in der man noch nicht viel über Raupen und Maden wußte und auch nicht wissen wollte. Die meisten glaubten ohnehin noch an eine Urzeugung der Käfer und Raupen aus einem fauligen Schlamm. Die empirische Beobachtung hatte sich noch lange nicht durchgesetzt, aber wir finden Merian gleich an vorderster Stelle der Forschung. Sie bleibt dabei eher andächtig und versucht die Pflanzen und Tiere in ihrer lebendigen Umwelt zu verstehen. Damit ist sie der Zeit wiederum einen doppelten Schritt voraus, denn sie interessiert sich für das, was wir heute ökologische Zusammenhänge nennen.

Mit 18 heiratet sie den Maler Johann Andreas Graff, der ihr aber wohl nicht ganz ebenbürtig war. Man hat ihm einen Minderwertigkeitskomplex und geistig-moralische Schwäche nachgesagt. Ein dummes Gerücht lautete, sie habe geheiratet, damit sie mit «Anstand nach dem Nackten» zeichnen könne. Es gibt von ihr aber keine Aktzeichnungen. 1670 ziehen die beiden nach Nürnberg, wo sie ihre ganze Produktivität entfaltet, was auch aus wirtschaftlichen

Gründen dringend erforderlich ist. Sie übernimmt zahlreiche Auf-
tragsarbeiten, unter anderem die Bemalung eines Zeltes für einen
Markgrafen, sie unterrichtet und begründet einen kleinen Kreis
kunstgewerblich aktiver Frauen. Vor allem aber fertigt sie ihr erstes
Werk an, das *Neü Blumenbuch*, das als Muster für Stick- und Näh-
arbeiten dienen soll. 1679 und 1683 erscheinen die beiden Teile ihres
Raupenbuches, in dem sie ihre eigenen Beobachtungen mit Darstellungen von Insekten in den verschiedenen Stufen ihrer Entwicklung
verbindet. Tief ist ihr Interesse an allen Metamorphosen in der
Natur, sie spürt hier einen göttlichen Atem. Sie selbst muß sich
in ihrem Leben auch öfter wandeln, um zu überleben. Dies wird besonders deutlich in einer Entscheidung, die für eine Frau ihrer Zeit
ungewöhnlich, ja gefährlich war – die Entscheidung, sich von ihrem
Mann zu trennen. Die Ehe scheint schwierig gewesen zu sein, doch
beide sind sehr diskret. Daher kennen wir die Gründe nicht, wissen
jedoch, daß die Trennung von ihr ausging. Diese Wissenslücke ist
von einem guten Dutzend Merian-Romanen gründlich gefüllt worden.

1685 zieht sie mit ihrer Mutter und zwei Töchtern auf ein Schloß
in die Niederlande. Dort, auf Waltha in Westfriesland, lebt die Sekte
der Labadisten. Der Begründer dieser Glaubensgemeinschaft von
Pietisten und Calvinisten, Jean Labadie (1610–1674), war schon ein
Jahrzehnt tot, aber seine Lehre hatte große Geister angezogen, so
den Insektenforscher Swammerdam oder den tschechischen Philosophen und Erzieher Comenius. Labadie, der gegen Luxus und
Vergnügen predigte, hatte mit John Milton in England in Kontakt
gestanden, sollte gar einen Posten in der puritanischen Regierung
übernehmen, blieb aber in Genf. Das wichtigste Ziel der Glaubensrichtung war die Verleugnung, die Vernichtung des egoistischen
Selbst und die Wiedergeburt als geläutertes Wesen, ein Gedanke,
der nicht weit von Maria Sibylla Merians Raupenforschungen entfernt war. Vor allem aber stand die Gruppe für die Gleichberechti-
gung von Mann und Frau, und das gab Merian eine gewisse Sicherheit in ihrer Entscheidung. Ihr Mann kam noch einmal zum Schloß,
um sie zur Rückkehr zu ihm zu bewegen, doch sie blieb hart. Sie
heißt nun nicht mehr Graff oder Gräffin, sondern wieder Merian.

Ein Prediger leitete damals mit großer Strenge die Gemeinde von
etwa 350 Franzosen, Holländern und Deutschen, die sich auf dem
Gut selbst versorgten. Schlechte, also nichtreligiöse Bücher waren

verboten, den Wissenschaften stand die Gemeinde kritisch gegenüber. Swammerdam soll seine Aufzeichnungen über die Seidenraupen unter dem Einfluß der Sekte vernichtet haben. Doch auch in dieser Umgebung bewahrt Maria Sibylla Haltung. Sie schreibt weiter an wissenschaftlichen Texten, und sie entwickelt ihr Handwerk und ihre Kunst weiter. Sie ist fromm, ja, bis hin zum Pantheismus, doch sie seziert auch schon mal einen Frosch, um seine Fortpflanzungsorgane zu studieren. Sie enthält sich aller Kritik, aller Urteile und kann sich dadurch irgendwie hindurchlavieren. Ihre Geduld und ihr Gottvertrauen haben sie anscheinend immer beschützt, so daß sie sich treu bleiben konnte.

Hier in Waltha beginnt jedoch ein neues Abenteuer, das ihren Ruhm mitbegründet hat. Die Sekte schickte seit Jahren Missionare in die holländischen Kolonien im südamerikanischen Surinam. Allerdings nicht mehr lange. Noch zu Merians Zeiten kam ein erfolgloser Haufen Missionare zurück, die von dem Sektenführer hart bestraft wurden. Das war das Signal zur Auflösung der Gemeinschaft. Aber Merian waren schon hier die Dinge aufgefallen, die die Missionare immer aus Surinam mitbrachten, die prachtvollen Schmetterlinge, die wilden und exotischen Pflanzen, die farbenprächtigen Vögel. Nun zog sie mit den Töchtern nach Amsterdam, dem Zentrum eines vibrierenden Kolonialreiches, mit ungezählten Verbindungen in die tropischen Welten. Hier kann sie sich wieder der Forschung widmen, sie trifft van Leeuwenhoek, den Insektenforscher, sie lernt die Naturalienkabinette kennen und knüpft wichtige Kontakte in der Stadt. Nach der Zurückhaltung gegenüber der eigenen Arbeit auf Schloß Waltha findet sie sich in einer explosiv produktiven Phase wieder. Sie malt erneut Tafeln für Insektenbücher und verfolgt zahlreiche Projekte. Die schönen Tiere aus den Kolonien, die man in den Naturalienkabinetten ausgestellt hat, faszinieren sie. Aber sie erkennt auch einen Mangel in diesen Ausstellungen: «In jenen Sammlungen», schreibt sie, «habe ich diese und zahllose andere Insekten gefunden, aber so, daß dort ihr Ursprung und ihre Fortpflanzung fehlten, das heißt, wie sie sich aus Raupen in Puppen und so weiter verwandeln.» Es geht ihr also immer um die Verwandlung, um die Bewegung, die Veränderung, um das Lebendige eben. Und deshalb faßt sie einen Entschluß: «Das alles hat mich dazu angeregt, eine große und teure Reise zu unternehmen und nach Surinam zu fahren (ein heißes und feuchtes Land, woher die vorgenannten Herren diese Insekten erhalten haben), um dort meine Beobachtungen fortzusetzen.»

Aus damaliger Sicht, aber auch aus heutiger, muß ihre Entscheidung, nach Surinam zu fahren, exzentrisch wirken. Eine Frau im Alter von 52 Jahren fährt ohne Begleitung eines Mannes in den Dschungel Südamerikas, um Pflanzen und Tiere zu erforschen. 1699 macht sie sich mit ihrer Tochter auf den Weg, durchlebt Seekrankheit und Stürme, um endlich in der holländischen Kolonie Fuß zu fassen. Mit den Kolonisten hat sie es nicht leicht, sie nehmen diese Frau nicht für voll, die jeden Morgen mit eingeborenen Helfern in den Dschungel aufbricht und das Leben der Spinnen, Schlangen, Schmetterlinge und Vögel untersucht, die Bäume und Blumen malt und die unbekannten Früchte zeichnet. Worauf es ihr ankommt, ist das ökologische Habitat, die Lebensweise dieser fremden Wesen und Pflanzen. Dabei verläßt sie sich gerne, auch dies im Gegensatz zu den oft arroganten Siedlern, auf die Hilfe und Auskunft der Eingeborenen. In ihrer Hütte präpariert sie Schmetterlinge, züchtet Raupen und hält Schlangen in Flaschen und Gefäßen. Das Tropenklima setzt ihr jedoch zu, und zwei Jahre nach der Ankunft wird sie von einem heftigen Malariafieber ergriffen, das sie an die Schwelle des Todes bringt. Doch sie erholt sich schließlich und kehrt geschwächt mit ihrer Tochter nach Amsterdam zurück.

In Amsterdam wird sie mit Ehren empfangen. Man ist begeistert von ihren Funden, und der Bürgermeister der Stadt stellt ihr das Stadthaus für eine Ausstellung zur Verfügung. Freunde sehen ihre Zeichnungen und drängen sie, diese in den Druck zu geben. «Sie waren der Meinung,» schreibt sie, «daß dies das erste und fremdartigste Werk war, daß je in Amerika gemalt wurde.» So entsteht das Werk, das nun ihren Ruhm endgültig begründen sollte, die *Metamorphosis insectorum Surinamensium*. 1705 erscheint dieses Tafelwerk mit 60 Abbildungen der Insekten, Tiere und Pflanzen Surinams. Dazu Texte, die über die Bedeutung der Früchte und Pflanzen auch für die Eingeborenen berichten, die ihren Geschmack und die auch die Gestalt und Farben der Tiere beschreiben. Die Insekten werden in und auf den Pflanzen gezeigt, die sie fressen oder die ihnen als Wirte dienen: eine blühende Ananas umworben von Kakerlaken, eine reife Ananas von Tagfaltern umschwirrt. Überhaupt ist die Ananas die «wichtigste aller eßbaren Früchte», sie vereint in sich den Geschmack von Trauben, Aprikosen, Johannisbeeren, Äpfeln und Birnen. Maria Sibylla schreibt so, daß Wissenschaftler die nötigen Informationen erhalten, aber auch der Laie Gewinn aus dem Mitgeteilten zieht. Eine Raupe auf der kleinen Stachelannone (Sauersack) hat einen Rüssel, der aussieht wie der «Hals einer Gans oder einer Ente». Wir finden auch Bilder, die durchaus surrealistisches Grauen hervorrufen können. Max Ernst hätte sie ohne weiteres zu Collagen verarbeiten können, etwa Tafel 56, auf der ein krokusähnliches Gewächs von einem unheimlichen, gigantischen Tier umflogen wird. Im Wasser, in dem die Pflanze steht, sehen wir einen Wasserskorpion sowie einen Frosch mit Ohren.

Maria Sibylla Merian ist praktisch veranlagt und weiß, wie wichtig der Nutzen und der Geschmack der Pflanzen sind. Bei der Cassava-Wurzel erklärt sie, wie die Indianer Brot aus ihr backen, das wie feiner holländischer Zwieback schmeckt. Die Banane ist «von einem angenehmen Geschmack wie in Holland die Äpfel». Der Saft der Kaschuaäpfel kann giftig sein, gebraten jedoch sind sie gut gegen Durchfall. Nicht immer hält sie sich sklavisch an das Gesehene. Wenn nötig, malt sie eine Schlange zur Dekoration hinzu. Sie ist dann aber auch so unbefangen, es zu sagen. Hin und wieder gibt es kritische Seitenhiebe, zumeist auf die Siedler. Die amerikanische Kirsche könnte besser kultiviert werden, wenn die Leute arbeitsamer wären. Doch die Kolonisten interessieren sich nur für den Zuckeranbau, den Anfang der Monokulturen, die so vieles zerstören sollten. Viele Informationen, die sie weitergibt, deuten auf bereitwillige Auskünfte von Indianern und Sklaven. Der Samen der Flos Pavonis wird von Sklavinnen, die von ihren Herren schlecht behandelt werden, zur Abtreibung bei Schwangerschaften gebraucht, «damit ihre Kinder keine Sklaven werden». Im Gegensatz zu den Siedlern beschäftigt Merian das harte Schicksal der Sklaven und Indianer. Ihre Sympathie wird in Bemerkungen wie dieser sichtbar: «Die schwarzen Sklavinnen aus Guinea und Angola müssen sehr zuvorkommend behandelt werden, denn sonst wollen sie keine Kinder haben in ihrer Lage als Sklaven. Sie bekommen auch keine, ja sie bringen sich zuweilen um wegen der üblichen harten Behandlung, die man ihnen zuteil werden läßt, denn sie sind der Ansicht, daß sie in ihrem Land als Freie wiedergeboren werden, so wie sie mich aus eigenem Munde unterrichtet haben.» Über die indianischen Priester erfährt sie, daß sich diese nur von Kolibris ernähren, vielleicht eine schamanistische Praxis, möglicherweise der Vogelspinne abgeschaut? Ihre Abbildung der Spinne, die einen Kolibri auffrißt, hat Kritiker auf den Plan gerufen, die das nicht akzeptieren wollten. Carl von Linné jedoch hat der Spinne den Namen Vogelspinne gegeben, weil er sich auf Merians Beobachtung verlassen hat. Eine Motte hat er auch nach ihr benannt: Tinea Merianella.

Das Insektenbuch erschien auf lateinisch und niederländisch, für eine deutsche Ausgabe fanden sich nicht genügend Subskribenten. Es ist ein Meilenstein sowohl der Kunst als auch der Insektenforschung, es ist ein Kompendium des Naturwissens, aber auch der Kulturgeschichte. 1717 stirbt Maria Sibylla Merian in Amsterdam. Zu ihren Bewunderern gehörten Goethe und Peter der Große, der alles kaufte, was er von ihr finden konnte. Diesem Interesse verdanken wir, daß sich in Petersburg eine ausgezeichnete Merian-Sammlung erhalten hat. Ein anderer Russe war acht Jahre alt, als er im Jahre 1907 unter den Büchern seiner Großmutter ein Exemplar von Maria Sibylla Merians Insektenbuch entdeckte. Für Vladimir Nabokov begann damit eine lebenslange Passion für Schmetterlinge.

Eine verrückte Herzogin?

Margaret Cavendish, Duchess of Newcastle

Am 30. Mai 1667 gab es eine Sensation im gelehrten London. Die Royal Society, die führende wissenschaftliche Akademie der Welt und eine reine Männerenklave, hatte eine außerordentliche Sitzung für ihre Mitglieder einberufen, um erstmals einer Frau ihre Türen zu öffnen. Es waren vor allem die guten Verbindungen ihres Mannes, die es der wissenschaftlich interessierten Margaret Cavendish, der Herzogin von Newcastle, ermöglichten, Zugang zu dieser erlesenen Gesellschaft zu erhalten. Der Herzogin eilte ein mächtiger Ruf von Extravaganz und Exzentrizität voraus, so daß die gebildete Welt sich auf ein großes Spektakel freute. Margaret sorgte denn auch dafür, daß die Gebildeten unter ihren Verächtern nicht zu kurz kämen. Vor Arundel House hatten sich Massen eingefunden. Zunächst verspätet sich die Herzogin, und der Präsident läßt derweilen Berichte über Würmer und Kormoranmägen und über die Operation am Zwerchfell verlesen. Da tritt die Herzogin auf: Sechs Hofdamen tragen ihre Schleppe, eine bekannte Sängerin und ein schwarzer Knabe begleiten sie. Für sie und ihren Hofstaat wird es eng, die Präsentation kann unter diesen Bedingungen nicht stattfinden, also räumt man den Saal um. Nun führen die größten Wissenschaftler Englands neueste Experimente vor. Der Chemiker und Physiker Robert Boyle zeigt, wie man Luft wiegen kann. Man präsentiert der Herzogin einen riesigen Magneten, man mischt Farben für sie und löst Fleisch in einer Flüssigkeit auf. Robert Hooke zeigt ihr schließlich die wunderbaren und monströsen Welten, die er mit dem Mikroskop entdeckt und in seinem Buch *Micrographia* dokumentiert hat. Zwei Jahre zuvor noch hat sie Hookes mikroskopische Einblicke als Verblendung verworfen, nun sieht sie, daß sie im Unrecht war. Insgesamt ist sie sehr beeindruckt von den Vorführungen.

Der aufsehenerregende Besuch wird viel kommentiert, wobei es in erster Linie um den äußeren Eindruck geht. So hebt John Evelyn, ein wissenschaftlich gebildeter Zeitgenosse, in einem Gedicht hervor, daß sie trotz ihres exzessiven Kostüms irgendwie auch wie ein Mann aussah. Ihre Kleidung war sozusagen weiblich und männlich zugleich: Schleppe und Wams. Die Äußerlichkeit, die die gelehrten Männer, aber auch viele Frauen an dieser Gestalt provozierte, ist jedoch symptomatisch für ihre Stellung in der geistigen Welt: für ihren Kampf wie für ihre Extravaganz. Vor allem aber für ihre Versuche, aus den vorgegebenen Einzäunungen weiblicher Rollen auszubrechen, auch wenn es mit Getöse wär.

Margaret Lucas wird 1623 in Essex geboren und kommt aus einer adligen Grundbesitzerfamilie. Sie hat viele Geschwister, ihre Brüder dürfen in Cambridge studieren, während sie sich zu Hause weiterbildet. Und zwar nicht im Kochen und Nähen, sondern in den Wissenschaften, denn ihre Mutter gibt ihr eine unkonventionelle Erziehung. Aber Margaret ist im Grunde sehr schüchtern, sie wird es ihr Leben lang bleiben und in ihren Schriften immer wieder darauf hinweisen. Wahrscheinlich kommt hier beides zusammen: eine eigene Disposition und eine literarische Tradition, in der der Bescheidenheitstopos gerne gesehen wird. Man sagt, Margaret sei mit einer Feder zur Welt gekommen, denn kaum daß sie schreiben kann, verfaßt sie 16 «Babybücher». In den zwanzig Jahren, die sie als Erwachsene schrieb, sollten fünf wissenschaftliche Werke, fünf Gedicht- und Prosabände, zwei Bände Essays und Briefe sowie zwei Bände mit Theaterstücken entstehen.

Doch während des englischen Bürgerkriegs wird das Landhaus der Lucas' geplündert, und 1643 muß die Zwanzigjährige als Hofdame der Königin nach Frankreich fliehen. Das dortige lockere und intrigante Leben gefällt ihr überhaupt nicht, aber es gibt zunächst keine Möglichkeit einer Rückkehr, denn in England regiert Cromwell mit seinen Puritanern. Margaret lernt einen dreißig Jahre älteren Adligen kennen, den Generalfeldmarschall William Cavendish, und heiratet ihn im Jahre 1645. Sie müssen, auch wenn sie keine Kinder hatten, einander sehr zugetan gewesen sein, denn ihr Mann wird sie immer wieder in ihren wissenschaftlichen Bemühungen unterstützen oder vor Attacken in Schutz nehmen. Sie dagegen wird ihm ihre Schriften widmen. Cavendish gehört zu einer kleinen Gesellschaft Gebildeter, die sich für die neuen Wissenschaften interessieren, dem sogenannten «Newcastle-Kreis». Hierbei handelt es sich um eine Gruppe von *virtuosi*, gelehrten Dilettanten, Wissenschaftlern und Philosophen, die sich unter anderem für den Atomismus stark machen und Descartes, den Materialismus und Atheismus rezipieren. Die Cavendishs ziehen von Frankreich nach Antwerpen um und wohnen eine Zeitlang in der Villa, die einst der große Peter Paul Rubens bewohnte. Margaret versucht später, ihre Besitztümer in England zurückzubekommen, doch wird sie vom Parlament erniedrigt. 1653 erscheinen ihre ersten Bücher: *Poems and Fancies* und *Philosophicall Fancies*. Man ist entsetzt. Erstens schreibt hier eine Frau ohne Pseudonym unter ihrem eigenen Namen. Zweitens ist es eine Adlige, für die sich das Publizieren von Büchern nicht gehört. Und drittens schreibt diese Frau über Themen, die den Männern vorbehalten sind: Philosophie und Wissenschaft. Sie tut dies allerdings in Form von Gedichten und Prosa, denn so kann sie ihre unerhörte Beschäftigung mit Atomismus und Atheismus in ein leicht fiktionales Gewand kleiden. Wenn eine Frau so etwas tut und auch noch die Terminologie der neuen Wissenschaften benutzt, muß sie entweder übergeschnappt oder eine Betrügerin sein. So heftet man ihr auch gerne den Plagiatsvorwurf an, bis in unsere Zeit. Weitere Werke folgen, und sie schickt diese großen, dekorativ aufgemachten Bände hartnäckig mit speziellen Kurieren an die großen Geister der Zeit: Thomas Hobbes, Pierre Gassendi, Marin Mersenne oder Henry More. Die Antworten bestätigen allenfalls den Erhalt. Nur zwei nehmen sie etwas ernst: Christiaan Huygens, der niederländische Physiker, korrespondiert mit ihr über «Ruperts explodierende Wassertropfen» und kann seine Bewunderung für sie nicht verhehlen, während John Glanvill sich mit ihrem Werk über Schwarze Magie beschäftigt. Gerne legt sie sich mit denselben großen Geistern in ihren Schriften an. Sie kritisiert Hobbes' *Leviathan*, polemisiert gegen Descartes' Wirbeltheorie und Helmonts «überspannte und merkwürdige Grundsätze der Chemie». Sie hat ohnehin keine Aussicht, in die Gelehrtenrepublik aufgenommen zu werden, und auch die folgenden Werke werden ihr dabei nicht helfen. Sie schreibt und schreibt, neben Philosophischem eben auch Reden für alle Gelegenheiten, für Beerdigungen, Hochzeiten, Gerichtssitzungen und Schlachtfelder. Ihr größter Erfolg wird jedoch eine Biographie über ihren Mann, *The Life of the Thrice Noble, High and Puissant William Cavendishe, Duke, Marquess and Earl of Newcastle*, im Jahre 1667. Sie lebt von nun an sehr zurückgezogen auf ihren Landgütern und bewegt sich zu wenig, meint ihr Arzt. Auf die Mediziner hört sie nicht und erfindet sich ihre eigenen Kuren. In den letzten Jahren macht ihr die schwarze Galle der Melancholiker viel zu schaffen. Margaret Cavendish stirbt 1673 im Alter von fünfzig Jahren.

Die Meinungen über ihre eigentliche wissenschaftliche Leistung sind bis heute geteilt. In den letzten zwei Jahrzehnten hat man jedoch begonnen, sie anders zu lesen, das heißt vor dem Hintergrund weiblichen Schreibens in einer männlich dominierten wissenschaftlich-philosophischen Welt. Schon Virginia Woolf hatte in einem Essay auf diese komplexe Ausgangslage hingewiesen, die den Vergleich mit den männlichen Zeitgenossen erschwert. Margaret war sich schmerzlich bewußt, wie sehr die Frauen vom Denken ausgeschlossen wurden. «Man hält uns wie Vögel im Käfig, die in unseren Häusern auf- und abhüpfen.» Sie rief die Frauen auf, sich zu Vereinen zusammenzuschließen, in denen über die Möglichkeiten des Ruhmerwerbs nachgedacht werden könne. Denn wie konnte eine Frau berühmt werden? Sie forderte eine bessere Ausbildung und die Einmischung der Frauen ins öffentliche Leben. Philosophisch gesehen war sie eine Monistin und glaubte, daß es nur Materie gebe. Aber Materie, die überall belebt und intelligent ist, eine selbsttätige und vernünftige Materie. Im Gegensatz zu den Nachfolgern Francis Bacons sieht sie auch keinen Sinn in einer zunehmenden Beherrschung der Natur, oder wenigstens keine Möglichkeit. Der Mensch stehe nicht über der Natur, sondern sei nur ein Teil von ihr. Von Geräten wie Teleskop und Mikroskop hielt sie ähnlich wie Goethe wenig, denn diese seien unzuverlässig und Quellen neuer Täuschungen.

Cavendish als frühe Feministin zu bezeichnen würde die geistige Situation aus dem Rückblick verzerren. Ihre Attacken haben zwar feministische Züge, zugleich opfert sie jedoch die Frau auf dem Altar männlicher Wissenschaft. So schreibt sie etwa, das weibliche Gehirn verhindere es, daß Frauen Mathematiker oder Logiker werden könnten. Sie ist zumindest eine widersprüchliche Feministin. Die Widersprüche trägt sie in einem interessanten polyphonen Dialog mehrerer Stimmen aus. In *Female Oration* (Weibliche Rede) läßt sie fünf Stimmen konträre Dinge über das Verhältnis von Männern und Frauen sagen. Eine Stimme erhebt sich gegen die Tyrannei der Männer: «Sie möchten uns lieber in unseren Häusern und Betten beerdigen wie in einem Grab. Die Wahrheit ist, daß wir leben wie Fledermäuse und Eulen, daß wir arbeiten wie Pferde und daß wir sterben wie die Würmer.» Die dritte Stimme fordert, es den Männern in allem nachzutun, im Jagen, Reiten und Wettbewerb bis hin zu Streitgesprächen in Schulen, Gerichtshöfen und Bordellen. Erziehung allein führe zur Gleichstellung von Mann und Frau. Insgesamt läßt sie offen, warum die Frauen den Männern untergeordnet sind. Gerne nutzt sie auch phantastische, märchenhafte und utopische Geschichten, um ihren Gedanken freien Lauf zu lassen. Am schönsten gelingt dies in *The Blazing World*, einem Werk, das von ferne an Swift erinnert. Eine Dame erleidet in der Nähe des Nordpols Schiffbruch und gerät in eine fremdartige Kultur, wo sie gleich zur Kaiserin gemacht wird. Hier unterhält sie sich nun mit merkwürdigen Einwohnern, den Bärenmenschen, Fischmenschen oder Wurmmenschen über Philosophie, Physik, Moral, Astronomie, Medizin und vieles mehr. Am Ende will sie sich eine Kabbala machen, eine Geheimlehre, und dazu empfiehlt man ihr eine Seele als Begleitung. Nach langer Diskussion wird die am besten geeignete Seele auf der Welt für sie ausgesucht. Es ist der Geist einer gewissen Margaret Cavendish, der Herzogin von Newcastle. Aus heutiger Sicht liest man dies vielleicht mit anderen Augen. Unserem Blick enthüllt sich ein komplexes Gebilde: eine barocke Architektur mit Einschüssen von Erkenntnis, ausschweifende Phantasie wie wissenschaftliche Diskussion, dazu eine Mischung aus Spiel, Verkleidung und Argumentationslust, die ihresgleichen sucht. Vielleicht haben wir erst jetzt ein Verständnis für andere Formen von Wissenschaft oder Wissenschaftsvermittlung entwickelt, in denen etwa auch Unterhaltung und Phantasie eine wichtige Rolle spielen. Unterhaltsam war jedenfalls ihr exzentrischer Besuch in der Royal Society und wurde bis heute nicht vergessen. Der Besuch war ein Signal, das lange nicht gehört wurde, bis in unsere Tage hinein nicht. Denn erst ab 1945 durften Frauen Vollmitglieder in der Royal Society werden. Fast dreihundert Jahre lang, schreibt Londa Schiebinger, waren die Frauen dort lediglich durch ein weibliches Skelett in der anatomischen Sammlung der Gesellschaft vertreten.

Der letzte Babylonier

Isaac Newton

Er war einer der großen Götter der Aufklärung. Voltaire sah in ihm den Beginn der Moderne, ein Genie wie Isaac Newton werde nur einmal alle tausend Jahre geboren: «Vor Kepler waren alle Menschen blind. Kepler hatte ein Auge, Newton zwei.» Und der Dichter Alexander Pope machte diesen Vers, der den Wissenschaftler in die Nähe Gottes rückte:

> «In tiefer Nacht, Natur, Gesetz zu sehen nicht.
> Gott sprach, laß Newton sein! Und es ward Licht.»

Newtons *Optik* erklärt die Natur des Lichts, und damit wurde er zum Träger der zentralen Metapher der Aufklärung, zum Lichtträger, der allerdings lateinisch auch Luzifer heißt. In seinem Hauptwerk *Philosophiae naturalis principia mathematica* (1687) gibt er den Bewegungen des Universums ein mathematisches Kleid. Astronomie und Mathematik werden hier versöhnt und die Gravitationskraft als der Schlüssel erkannt. Die drei Keplerschen Gesetze gießt er in eine elegante, vereinheitlichende Formel und gibt somit dem kopernikanischen Weltbild sein mathematisches Fundament. Auf diesem Fundament wird die Wissenschaft der nächsten zweihundert Jahre errichtet. Newton wird bis heute als der größte Wissenschaftler aller Zeiten angesehen, denn er war nicht nur Physiker, Astronom und Mathematiker, sondern auch der oberste Aufseher der britischen Währung und als Präsident der Royal Society der mächtigste Mann in der Verwaltung von Wissenschaft. Oft wird Einstein mit ihm verglichen, doch müßte dieser, um Newton auch nur annähernd das Wasser reichen zu können, neben seinen Leistungen als Physiker noch als Ingenieur und Handwerker Meriten haben, gegenwärtig Präsident der Deutschen Forschungsgemeinschaft sein sowie der Bundesbank vorstehen. Auch wenn Newton Feinde hatte wie William Blake, Samuel Taylor Coleridge oder

Johann Wolfgang von Goethe, der ihn in seiner *Farbenlehre* zornig zu widerlegen suchte, so wurde er doch vor allem verehrt. Die Französische Revolution gab ihm das Profil eines Erlösers. Man warf den Briten vor, daß sie ihren Gott nicht gehörig ehrten. Champlain de la Blancherie schlug vor, einen neuen Menschheitskalender zu beginnen, der mit dem Jahre 1642 einsetzen sollte, Newtons Geburtsjahr. Étienne-Louis Boullée entwarf 1784 ein Mausoleum für Newton in der Form einer gigantischen Kugel. Selbst die Theologie konnte der Physik Newtons etwas abgewinnen, ja sie machte sich zu ihrer Dienerin. John Craig wendete 1699 die Gesetze der Bewegung von Körpern auf psychische Zustände an und errechnete mit Newtons Gesetzen die Geschwindigkeit der Entstehung von Verdacht und Mißtrauen. Er kalkulierte weiterhin die Geschwindigkeit der Abnahme des christlichen Glaubens. Damit wiederum konnte er die Wiederkehr Christi berechnen; sie wird im Jahre 3150 stattfinden. Newton stand für die Berechenbarkeit aller Phänomene, von der Chemie bis zu den Sozialwissenschaften. Newton ist, so will es dieses öffentliche Bild, die Neuzeit. Noch das Bild des Apfels, das mit ihm assoziiert wird, macht ihn zu einem zweiten Adam, und beide wurden mit den Gesetzen des Falles konfrontiert. Ob dieser Apfel übrigens je gefallen ist, um ihm die entscheidende Einsicht zu bringen, als er sich während der Pestzeit auf das Land zurückgezogen hatte, werden wir nicht erfahren. Die Anekdote wurde von ihm selbst viele Jahre später erzählt und könnte eine Übertreibung sein. Aber sie gehört zu seiner Ikone wie der wilde Haarschopf und die ausgestreckte Zunge zu Albert Einstein. Newtons Konterfei schmückte eine Briefmarkenserie ebenso wie britische Banknoten der siebziger Jahre. Das Bild des Aufklärers hielt sich in der Fachwelt bis weit ins 20. Jahrhundert; im allgemeinen Bewußtsein hält es sich bis heute.

Doch in den letzten fünfzig Jahren hat man begonnen, das Profil des Stammvaters der Neuzeit in einem anderen Licht zu sehen. Mit einem Koffer fing alles an. Als Newton 1727 starb, hinterließ er einen Koffer mit einem Stapel von Aufzeichnungen und Manuskripten, insgesamt etwa 25 Millionen Wörter. Die Enttäuschung war groß, als man sich diese Blätter genauer anschaute. Zwar gab es mathematische und physikalische Texte, doch die Mehrzahl widmete sich ganz anderen Dingen: der häretischen Theologie des Arianismus, dem Elixier des Lebens, dem Stein der Weisen, der

Apokalypse und den biblischen Propheten. Als dem Herausgeber der Werke Newtons, Bischof Samuel Horsley, der Koffer gezeigt wurde, schlug er die Hände über dem Kopf zusammen. Er schloß ihn sofort und verlor kein Wort mehr über dieses ketzerische Konvolut. Der Nachlaß wanderte durch verschiedene Hände von Erben, wurde inventarisiert, Teile wurden ausgesondert und verkauft, der Rest verblieb in dem Schloß eines Nachfahren. Die Wissenschaftler und Institutionen, denen man den Nachlaß anbot, wollten nichts davon wissen, und 1936 gelangten die Papiere endlich auf den Tisch des Auktionshauses Sotheby's. Bei der Versteigerung erwarb der berühmte Ökonom John Maynard Keynes die Manuskripte alchemistischen Inhaltes und schenkte sie dem King's College in Cambridge. Andere Manuskripte wurden weit über die Welt verstreut. Der theologische Teil etwa ging an die Universität von Jerusalem und wird erst heute ausgewertet. Einige Biographen behaupten nun, der eigentliche Newton sei der Alchemist und Theologe, weil er aus diesem unsichtbaren Fundament seine mathematisch-wissenschaftlichen Prinzipien erarbeitet habe. John Maynard Keynes sah in diesem Newton den «letzten Babylonier», einen Forscher, der sich der langen Reihe der Astronomen, Astrologen und Mathematiker von den Sumerern und Griechen her zugehörig fühlte und der in seinen Erkenntnissen nur eine Wiederentdeckung des Wissens der Alten sehen wollte. War er der letzte oder der erste? Er war beides, aber in keiner anderen Gestalt kam diese komplexe Mischung der alten und der neuen Welt so spannungsreich zur Geltung.

Newton war ein Einzelgänger. Sein Motto lautete: Wahrheit ist Ergebnis des Schweigens und der unaufhörlichen Meditation. Er wurde am Weihnachtsmorgen 1642 in Lincolnshire geboren. Das Datum war ihm nicht unwichtig, denn in seinen geheimen Spekulationen sah er sich dem Erlöser nah, mit dem er den Geburtstag teilte. Später machte er im Rahmen seiner kabbalistisch-numerologischen Studien die Feststellung, daß sich aus der lateinischen Schreibweise seines Namens ISAACUS NEUUTONUS das Anagramm IEOUA SANCTUS UNUS ziehen läßt: der Eine Heilige Jahwe – eine Botschaft, die ihn in seiner Religion bestärkte. 1642 ist ein dramatisches Jahr für England. Ein Bürgerkrieg beginnt, aus dem der Puritaner Oliver Cromwell als Sieger hervorgeht. Newtons erste Lebenshälfte wird von weiteren dramatischen Ereignissen überschattet. Ein weiterer Bürgerkrieg wird folgen, das Ende der puritanischen Herrschaft, 1660 die Restauration der Monarchie, London wird von der großen Pest heimgesucht und brennt 1666 nieder. Aus dem alten London wird das neue aus der Asche erstehen, das London der Neuzeit. 1688 eine unblutige Revolution: Rückkehr einer protestantischen Monarchie, die nun konstitutionell sein wird. Dann aber wird England endgültig zur Welt- und Kolonialmacht aufsteigen.

Seine Mutter gibt den Knaben nach dem frühen Tod des Vaters in den Haushalt von Verwandten; als Gymnasiast wohnt er in Grantham bei einem Apotheker, dessen Bücher und Geräte ihm Chemie und Pharmazie, aber auch Alchemie und Theologie nahebringen. Isaac ist sehr geschickt und baut sich unter anderem eine Mühle, die von Mäusen angetrieben wird, sowie eine an einem Drachen hängende Laterne, mit der er nachts die Nachbarn in Schrecken versetzt. Er ist auch ein begabter Zeichner und bedeckt die Wände seines Dachzimmers mit Illustrationen aller Art. Newton studiert in Cambridge und schafft sich zunächst vor allem theologische Bücher an. Er beschäftigt sich mit Geometrie, allerdings auch unter dem Blickwinkel der Astrologie. So kauft er sich 1663 ein Buch des italienischen Mathematikers und Astrologen Cardano, eines Abenteurers, über den es hieß, er werde eher sterben, als seinem Horoskop unrecht geben. Cardano stellt auch Bezüge her zwischen den Propheten und der Mathematik – eine Beziehung, die Newton fasziniert. Newton versucht sich mit Hilfe Cardanos ein Horoskop zu erstellen, scheitert dabei und beschließt nun, sich eingehender mit der Geometrie zu beschäftigen, um dieses Problem zu lösen. In Cambridge baut er erste Kontakte auf zu Alchemisten und Philosophen mit spiritualistischen Einstellungen wie Henry More. Henry More war zunächst Anhänger, später Kritiker Descartes', dessen Materialismus ihn abstieß. More prägte wohl als erster den Begriff einer «vierten», das heißt spirituellen Dimension. 1666 findet eine Massenflucht aus Cambridge statt: die Pest hat auch die Universität erreicht. Newton zieht sich in seine Heimat, nach Woolthorpe in Lincolnshire, zurück. 1666 wird für ihn das berühmte *annus mirabilis*. In einem Obstgarten will er den fallenden Apfel mit dem Mond in Verbindung gebracht und so die Gesetze der Schwerkraft entdeckt haben. Auch die Ideen für sein anderes Hauptwerk, die *Optik*, in dem er die Natur des Lichtes analysiert, sind in diesen ein bis zwei Jahren entwickelt worden. Nach seiner Rückkehr nach Cambridge beginnt er sich intensiv mit Alchemie zu beschäftigen – und zwar für die nächsten dreißig Jahre. Er kauft Manuskripte und Bücher der entlegensten Art, kopiert und zeichnet sie ab, kommentiert sie und versucht sie durch Experimente zu bestätigen. Seine eigenen Notizen sind oft nicht zu entziffern, er verwendet Geheimzeichen und versucht soviel wie möglich zu verschleiern.

Bis heute wissen wir nicht genau, warum er diese Forschungen betrieben hat. Newton war umfassender in der Alchemie gebildet als irgendein anderer Geist seiner Zeit. Er entzifferte und studierte die hermetischen Schriften eines Michael Maier, Sendivogius, Sir George Ripley, Philalethes oder Nicholas Flamel (der durch Harry Potter wieder ein wenig ins Bewußtsein zurückgekehrt ist) und legte sich eigene chemisch-alchemistische Wörterbücher an, in denen er 100 Autoren und 150 Werke zitierte und an die 900 Eintragungen machte. Michael Maiers emblematische Illustrationen zur Alchemie übersetzte er in die Sprache des praktischen Experiments. Wenn die Alchemisten von den *Tauben der Diana* oder *Jupiters Adler* sprechen, von den *Drachenzähnen*, dem *Brau der Medea*, dem *verzauberten Bullen* oder dem *Horn der Amalthea*, so hat das für Newton alles einen versteckten Sinn, den es zu dekodieren gilt. Mit seinem Gehilfen Humphrey Newton (kein Verwandter) verbrachte er viele Nächte vor dem Schmelzofen, den er in seinem privaten Labor im Garten des Trinity College betrieb. Fast niemand sonst durfte Einblick in diese geheime Tätigkeit erhalten, und selbst Humphrey verstand letztlich nicht, was der Meister eigentlich damit erreichen wollte. Wollte er Gold machen, suchte er den Stein der Weisen, das Elixier des ewigen Lebens? Wir wissen es nicht. Aber soviel läßt sich sagen: Newton sah in der Alchemie einen Naturbegriff, den er teilte und der für seine Physik und Optik entscheidend war. Es ist die Vorstellung einer alles durchwaltenden Kraft, eines Geistes, der die Bewegungen im Himmel und auf der Erde regiert. Die Suche nach dem Prinzip der Einheit der Natur ist bis heute die wichtigste Motivation für physikalisches Fragen. Wie die Alchemisten suchten Newton und seine Nachfolger die Einheitsformel. Alchemie ist jedoch auch Teil eines hermetischen Denkens, in dem der Rhythmus der Zahlen eine entscheidende Rolle spielt. Die Alchemie reproduziert kosmische Zyklen auf der Erde und bestätigt die Zwillingsnatur von Mikro- und Makrokosmos.

Die Bewegungen der Planeten und die Harmonien der von Menschen erzeugten Musik verfolgen dieselben Grundmuster. Diese Erkenntnis des Pythagoras war für die Alchemisten wie für Newton der Hinweis auf die geheime Struktur des Universums. Newton studierte die Schriften der Alten und sah sich mit seinen eigenen Forschungen zur Gravitation, Astronomie und Optik in einer langen Reihe stehen. Eigentlich, so war er überzeugt, wußten die Alten schon alles: daß die Erde rund ist, sich um die Sonne dreht und daß die Schwerkraft sich proportional zum inversen Quadrat der Entfernung verändert. Hermes glaubte an das kopernikanische System ebenso, wie Pythagoras die Gravitation kannte. Gravitation hatte nur einen anderen Namen: Pans Musik. Wenn Pan die Flöte spielte, setzte er Gottes harmonikale Muster in die Schöpfung um. Mit Platon konnte der Engländer sagen, alle Erkenntnis sei nur eine Form der Erinnerung.

Aber nicht Griechenland war für ihn der eigentliche Ursprungsort des modernen Denkens, sondern der biblische Raum. Pythagoras soll nach einer Legende in Phoenizien den Nachkommen eines gewissen Moschus besucht und von ihm die Lehre der Atomistik gelernt haben. Dieser Moschus ist nach damaliger Meinung kein anderer als Moses gewesen. Newton folgte dieser Meinung, indem er sich auf die Seite der Alten schlug. Im Kampf des Alten mit den Neuen, dem *battle of the books* oder der *querelle des anciens et des modernes*, war er – theologisch gesehen – auf der Seite des Alten. Die apokalyptische Gesinnung seiner Zeit war ihm selbst sehr vertraut. Daher glaubte man auch, daß nicht nur der Antichrist bald komme oder sich in der Gestalt des Papstes schon betätige, sondern daß die Wiederentdeckung des adamitischen Wissens das nahende Ende der Welt signalisiere. So war Newton kein Fortschrittsdenker, sondern bewegte sich in mittelalterlichen Konzepten, denen er seine mathematische Kompetenz an die Seite stellte. Insbesondere interessierten ihn die Angaben über den Tempel Salomons, in dem er mehr sah als ein Gebäude. Er enthielt für ihn vielmehr in Form eines Codes eine Botschaft, ein Diagramm des höchsten Wissens, das den Menschen möglich war – ähnlich wie jene Scheibe, die die Menschen des 20. Jahrhunderts in den Weltraum geschickt haben, um künftigen Entdeckern Grundaussagen über die Bewohner der Erde zu machen. Die Dimensionen und Proportionen des Bauplans enthielten für Newton Zeitskalen und prophetische Angaben in geometrischer Verschlüsselung. Der Tempel repräsentierte das Sonnensystem mit seinem Feuer und den darum kreisenden Planeten. Die Tempelmaße in Verbindung mit anderen prophetischen Schriften erlaubten es ihm, eine komplette Chronologie der Ereignisse bis in das Jahr 2370 n. Chr. zu machen. Nach diesen Berechnungen war die Römische Kirche im 17. Jahrhundert im Abstieg begriffen. Das Jahr 1899 sieht die Rückkehr der Juden nach Jerusalem vor. Tatsächlich wurde 1897 der Zionistische Weltbund gegründet, und die Juden zogen Ende des 19. Jahrhunderts aus aller Welt nach Palästina. Für 1944 sieht Newtons Chronologie das Ende der Großen Judenverfolgung. Tatsächlich war dies 1945 der Fall. Für 1948 jedoch prophezeite er die Wiederkunft Christi und für 2436 die «große Reinigung des Heiligtums», der eine tausendjährige Epoche des Friedens folgen würde. Auch das Himmlische Jerusalem ist für ihn keine leere Formel. Nach den Propheten ist es ein Würfel, in dessen Mitte der Thron Gottes steht. Newton erkennt, daß es sich um das Sonnensystem handelt, und berechnet es. Mit anderen Worten: Das Sonnensystem ist ein heiliger Ort, der in den Schriften geweissagt wurde. In der Mitte steht Gottes Thron, die Sonne. Und was ist Schwerkraft eigentlich? Wir wissen es bis heute nicht oder nur undeutlich. Für Newton war es eine geistige Kraft, die auf Gott zurückging.

Die Heilige Schrift vermittelte Newton Sicherheit und ein gutes Gewissen für seine Erkenntnisse in Physik, Astronomie und Optik. Theologie wie Alchemie gaben seinen Forschungen den eigentlichen Sinn. Einstein hat einmal geschrieben, der Wissenschaftler wisse ohne das Irrationale weder, wohin er gehen, noch was er suchen solle. Als Newton gegen Ende des 17. Jahrhunderts mit großen öffentlichen Ämtern versehen wurde – oberster Chef der britischen Münze, Präsident der Royal Society –, gab er seine experimentell-alchemistische Forschung zwar auf, nicht aber den Glauben. Und er hütete sich weiterhin, auch nur Andeutungen davon an die Öffentlichkeit gelangen zu lassen.

Aus heutiger Sicht erscheinen uns Newtons geheime Interessen als verschroben: als irrationale Seite seines großen Vernunftbaus. Aus Newtons Sicht sind aber genau diese Interessen nicht irrational; vielmehr bilden sie die wohldurchdachte quadratische Form eines Hauses, dessen Dach erst schräg ist – und dieses Dach ist die neuzeitliche Wissenschaft. Wie kein anderer war sich Newton selbst der Eingeschränktheit dieses wissenschaftlichen Standpunktes bewußt – nicht anders als sein Nachfahre Einstein. Einmal verglich er seine wissenschaftlichen Entdeckungen mit den Kieseln, die ein Junge am Strand findet, während der große Ozean der Wahrheit noch völlig unentdeckt vor ihm liegt.

Der Wissenschaftler im Geisterreich

Emanuel Swedenborg

Im Jahre 1744 erscheint Emanuel Swedenborg, einem der außergewöhnlichsten Menschen seiner, wenn nicht aller Zeiten der Herr
Jesus Christus im Traum. Jesus lächelt ihn an und fragt ihn, ob er
einen Gesundheitsspaß besitze. «Herr, das weißt du besser als ich»,
antwortet Swedenborg. Daraufhin sagt Jesus: «Nun, so tue es.» Diesen Traum hatte Swedenborg in Den Haag in der Nacht auf Oster-
montag. Gut ein Jahr später folgte ein weiterer Traum. Swedenborg
sieht in einer Kneipe in London einen Mann, der in einer Ecke sitzt.
Dann hört er die Worte: «Iß nicht so viel!» Derselbe Fremde kommt
abends zu Swedenborg ins Haus und behauptet, der Herrgott selbst
zu sein. Er beauftragt Swedenborg, die Bibel auszulegen.

Gesundheit spielt eine Rolle in diesen Träumen, aus verschiedenen Gründen. Als junger Mann war Swedenborg auf einer Bil-
dungsreise nach England. Er wollte dort die neuen Wissenschaften
studieren, die Astronomie und Physik eines Newton, Halley oder
Flamsteed; er wollte die großen Männer selbst sehen und sprechen
und seine Theorien mit ihnen diskutieren. Doch das Schiff, das ihn
von Göteborg nach England bringen sollte, lief auf eine Sandbank
auf. Piraten, die sich für Franzosen ausgaben, aber für Dänen gehalten wurden, retteten zwar Besatzung und Passagiere, dafür aber
glaubten die Engländer, das schwedische Schiff sei ein Freibeuter
und beschossen es. Dennoch kam Swedenborg glimpflich davon.
Doch inzwischen hatte sich in England das Gerücht verbreitet, in
Schweden sei die Pest ausgebrochen. Deshalb wurde Swedenborgs
Schiff unter eine sechswöchige Quarantäne gestellt. Gelangweilt
und übermütig machte sich Swedenborg heimlich an Land, wo er
prompt von der Polizei verhaftet wurde. Auf sein Vergehen stand
die Todesstrafe durch Hängen, doch davor konnte der junge Mann
durch schwedischen Einspruch bewahrt werden. Er hatte also keinen Gesundheitsspaß, und später erkannte er die göttliche Hilfe in
dieser lebensgefährlichen Episode.

Die zweite Bedeutung der Frage nach dem Gesundheitspaß ist aber eine tiefere. Zeit seines Lebens und auch nach seinem Tode wurde Swedenborg von Kritikern und Gegnern verfolgt, die ihn für geisteskrank hielten. Sein größter Gegner trug fast denselben Vornamen. Immanuel Kant stellte den Schweden in seiner Schrift *Träume eines Geistersehers* (Königsberg 1766) als einen schlimmen Phantasten und verrückten Schwärmer dar. Alles deutet aber daraufhin, daß Swedenborg geistig wie auch körperlich gesund war. Er führte ein einfaches, aber nicht asketisches Leben und starb 1772 im Alter von 84 Jahren. In vielerlei Hinsicht unterschied er sich von ähnlichen Geistersehern und Visionären, und eben auch in der Frage der Gesundheit.

Swedenborg ist ohnehin ein Sonderfall in der modernen Geistesgeschichte. Die Ausnahme besteht darin, daß dieser Mann in der ersten Lebenshälfte ein Wissenschaftler, Erfinder und Techniker ersten Ranges, anerkannt in ganz Europa und führend in Schweden war, sich aber in seiner zweiten Lebenshälfte dem Geisterreich zuwendete und eine Theologie entwarf, die sich auf eigene Erfahrungen berufen konnte. Dennoch blieb er auch in dieser Lebenshälfte Forscher, nur auf anderen Realitätsebenen als denen der empirischen Wissenschaften.

1688 wurde er in Stockholm als Sohn des Bischofs Jesper Swedberg geboren. Swedberg war selbst ein produktiver Theologe und Autor einer umfangreichen Autobiographie, in der er seinem Sohn nur zwei Erwähnungen gönnte. Von seinem Vater soll dieser die visionäre Begabung geerbt haben. Die regelmäßigen Gebete im Hause Swedberg brachten ihm eine Atemtechnik bei, die später für ihn bedeutungsvoll werden sollte. Emanuel war stark religiös, und wenn wir seinen Erinnerungen glauben können, so war er zwischen dem vierten und dem zehnten Jahr hauptsächlich mit Gott beschäftigt. Sein Vater überging auch dies in seinem Lebensbericht.

Swedenborg begann sich früh für die Wissenschaften zu interessieren. In Uppsala studierte er die neuesten Wissenschaften und machte sich von dort auf die erwähnte Reise nach England. Newtons Werke studierte er so intensiv, daß er bald glaubte, ihn besser als die Engländer zu verstehen. Newton selbst scheint er nicht begegnet zu sein, doch dessen Kollegen, den verbitterten Hofastronomen John Flamsteed, suchte er in seinem Observatorium in Greenwich auf. Flamsteed betrachtete den gestirnten Himmel als sein privates Eigentum und wachte eifersüchtig über ihn. Doch Swedenborg gelang es, ihm bei den nächtlichen Beobachtungen seines kosmischen Grundstücks zuzuschauen und Einzelheiten von diesen Sitzungen seinen wissenschaftlichen Freunden in Uppsala mitzuteilen. Auch mit Flamsteeds Rivalen Edmund Halley wurde Swedenborg bekannt. Wie Halley arbeitete der Schwede an neuen Methoden zur Berechnung des Längengrads, einer grundlegenden und ökonomisch folgenreichen Messung für die Schiffahrt. Er lernte die führenden Geologen und Zoologen des Landes kennen und nahm an den Debatten um die Bibel und die Wissenschaften lebhaften Anteil. In seinen Londoner Jahren bildete er sich nicht nur geistig fort, sondern machte sich auch mit allen Arten von Technik und Handwerk vertraut. Dazu hatte er eine originelle Methode entwickelt. Er mietete sich ständig bei neuen Hausherren ein, von denen er wußte, daß sie ein bestimmtes Handwerk betrieben, und schaute ihnen dabei zu: erst bei einem Uhrmacher, dann bei einem Schreiner, schließlich bei einem Hersteller von mathematischen Instrumenten. So lernte er nach und nach ein ganzes Spektrum an Techniken und Arbeitsbereichen kennen. Daneben las er englische Literatur und verfaßte lateinische Oden.

Nach einem mehrjährigen Englandaufenthalt unternahm Swedenborg eine Reise auf dem Kontinent. In den Niederlanden lernte er die Kunst des Linsenschleifens zur Verbesserung von Teleskopen, in Paris traf er bedeutende Gelehrte und Theologen. In Deutschland wollte er Leibniz besuchen, der ein ähnlich breites Spektrum von Kenntnissen und Fähigkeiten, etwa im Bergbau, verfolgte, doch Leibniz war gerade in Wien. Als Swedenborg nach fünf Jahren Ausland wieder schwedischen Boden betrat, war er voller Projekte: Erfindungen, technische Verbesserungen und Pläne für mehrere Bücher. Seine Erfindungen betrafen die Gebiete der Navigation, des Bergbaus, der Militärwissenschaften und der Küstenverteidigung. So entwarf er – wenn auch nicht als erster – ein U-Boot, den Vorläufer des modernen Gewehrs und verschiedene Pumpen und Dampfmaschinen. Auch die Luftfahrt faszinierte ihn. Eines seiner Flugmodelle war 1939 auf der Weltausstellung in Chicago zu sehen. Eine Wasseruhr geht ebenso auf sein Konto wie mechanische Reproduktionen von Silhouetten oder eine «Methode, die Neigungen und Affekte des menschlichen Geistes zu messen». Den Universitäten und ihren altertümlichen Einstellungen stand er kritisch gegenüber und entwarf bessere Akademien. Sein Vater war nicht begeistert, daß sein Sohn mit Ideen von Luftschiffen, U-Booten und gar selbstbewegenden Wagen aus dem Ausland zurückkam. Ablehnung und Abwehr waren auf schwedischer Seite zu konstatieren, bis König Karl XII. aus dem Exil zurückkehrte und das Genie dieses Mannes entdeckte. Der König, den Voltaire für einen der außergewöhnlichsten Menschen überhaupt hielt, war auch in den Wissenschaften beschlagen und führte oft täglich gelehrte Unterhaltungen mit Swedenborg. Unter anderem beauftragte er ihn damit, das Dezimalsystem durch ein praktikableres zu ersetzen. Vor allem aber machte er ihn zum Mitglied des Direktoriums des schwedischen Bergbaus, nicht ohne Widerstände zu provozieren. Einer seiner Gegner, Hjärne, durfte sich als Bewohner der Hölle in den späteren Visionen Swedenborgs wiederfinden. Unermüdlich arbeitete Swedenborg in der neuen Position, brachte Traktate heraus über Feuer und Schmelztechnik, über die Geologie und die Fossilien und legte ein umfangreiches Manuskript zur Geometrie und Mathematik vor. Auch vor dem Sonnensystem machte er nicht halt und wies in einer Schrift nach, daß die Erde sich früher langsamer drehte – ein Grund dafür, daß die biblischen Gestalten wie Adam oder Noah viele hundert Jahre lebten. Zugleich widmete er sich der Anatomie und dem Nervensystem und stellte Hypothesen über die Gehirntätigkeit auf, die von der späteren Neurologie bestätigt wurden. Immer blieb die Praxis in seinem Gesichtsfeld, etwa wenn er Vorschläge für das schwedische Währungssystem machte.

Swedenborg war einer der reiselustigsten Wissenschaftler überhaupt. Viele Reisen führten ihn nach England und auf den Kontinent. Dabei verfolgte er immer praktische Ziele, vor allem bei der Besichtigung von Bergwerken in Böhmen, Sachsen, Hessen oder im Rheinland. Die Reisen hielten ihn aber nicht von der wissenschaftlichen Arbeit ab, im Gegenteil. Viele seiner wissenschaftlichen Werke entstanden auf eben diesen Reisen. Sie aufzuzählen käme einer Enzyklopädie gleich. Insgesamt hat er etwa 25 starke Bände in den Wissenschaften hinterlassen. In vielem ist er den materialistischen Interessen seiner Zeit nahe, doch beginnt er bald über sie hinauszugehen. Das sichtbare Universum erscheint ihm als ein Ausdruck des Unendlichen, das nicht zu reduzieren ist. Die Wissenschaft allein reicht nicht aus, es zu verstehen. Es hat sozusagen eine Seele. Das

Leben ist nicht ohne eine gestaltende Lebenskraft zu verstehen, und das Universum selbst ist ein lebendiger Organismus.

Noch bevor es zu seiner geistigen Berufung kam, entwickelte er eine Art psychosomatisches Verstehen von Wissenschaft. In einem merkwürdigen Traumtagebuch von 1744 notierte er, wie die Träume ihm Erklärungen und Lösungen für seine wissenschaftlichen Fragestellungen brächten. Ein Traum in der Nacht vom 11. auf den 12. April 1744 etwa erläutert ihm die Funktionsweise von Drüsen. Einige Tage später erfährt er im Traum, wie er seine Forschungen über die Muskeln voranbringen kann. Im August träumt er, wie ein bestimmtes Kapitel in seinem Buch über das Tierreich zu korrigieren sei. Die Zustimmung zeigt sich immer in der Gestalt einer Flamme. Doch das ist alles nur ein Vorspiel. Erst die Begegnung mit Christus führt zu einer kompletten Umgestaltung seines Denkens und selbst seines körperlichen Daseins. Obwohl er ein großer Verehrer der Frauen war und einen starken sexuellen Trieb verspürte, notiert er nun, daß er die Frauen aufgegeben habe. Swedenborg blieb zeitlebens Junggeselle.

Was wird nun aus seiner Wissenschaft? In einem Traum begegnen ihm zwei Frauen, eine ältere und eine jüngere. Er küßt beider Hände, doch weiß er nicht, welche er lieben soll. Er interpretiert die Begegnung so: Die ältere vertritt seine erste Lebensphase, die der Wissenschaften, die jüngere seine zweite Phase, die der geistigen Welt. Er beginnt maßvoller zu essen, was ihm schwerfällt, denn er liebt das ausladende Frühstück der Schweden. Das neue Leben, das sich in den Visionen ankündigt, öffnet ihm den Himmel. Am hellen Tag kann er nun oft stundenlang in die andere Welt schauen und dort ein zweites Leben führen, voller Erleuchtungen und neuer Erkenntnisse über das Diesseits und Jenseits. Die Engel erklären ihm jede einzelne Zeile der Bibel, deren Deutung nun sein Lebenswerk wird. Er trägt einen neuen Namen, Nikolaus, und lebt in einem zweiten Leib, der auf merkwürdige Art mit dem ersten verbunden ist. Ebenso ist die Geisterwelt in vielem der unseren ähnlich. Martin Luther trifft er in einem Haus, das dem ganz ähnlich ist, das Luther in Wittenberg bewohnte. Bei der Begegnung mit Swedenborg muß der Reformator auf schmerzhafte Weise lernen, daß seine religiösen Vorstellungen falsch sind. Einmal sieht Swedenborg einen langen Reigen von Ziffern und erkennt, daß es Engel sind. Engel sind im übrigen nichts anderes als Menschen, besondere Menschen, die sich entwickelt haben, aber die Engel können sich oft nicht mehr an die Menschen erinnern. Doch bei allem erhält er sich wissenschaftliche Grundhaltungen. So datiert er immer wieder seine Visionen. Er bleibt auch skeptisch, überprüft, ob es sich um Illusionen handeln könnte, und läßt sich von Ekstasen nicht notwendig beeindrucken. Einmal besucht ihn ein Teufel, doch er läßt ihn nicht herein, sondern spricht mit ihm durch das Fenster. Sie führen ein theologisches Gespräch, Swedenborg weist dem Teufel seine Denkfehler nach, woraufhin dieser ausruft: «Ich bin verrückt», und seine Fehler einsieht. Die Konversion hält jedoch nicht lange an.

Swedenborg liebt es, didaktisch vorzugehen. Er möchte belehren in der Geisterwelt. Die Regionen seines Himmels, schreibt Ernst Benz, sind Klassenzimmer, in denen die Geister studieren. Himmel und Hölle sind voll von Debattierklubs, Schulen und Akademien. Er führt wissenschaftliche Experimente im Jenseits durch, die die Aufmerksamkeit der höheren Himmelswelten erregen. So will er wissen, welchen Begriff von Raum und Zeit die Bewohner des Geisterreiches haben. Im diesseitigen Schweden meidet er die Universitäten, im Jenseits hat er mehrere Lehrstühle inne. Er rechnet ab mit den irdischen Theologen, den Bischöfen und religiösen Fanatikern und weist den Kirchenvätern ihre Arroganz und Unwissenheit nach. Die Herrschaften segeln in einem prachtvollen Schiff durch die Lüfte, doch als Swedenborg sie auf ihre Irrtümer anspricht, löst sich das Schiff auf, und die Theologen liegen zerlumpt im Sand. Die Orthodoxie hat es schwer in seinem Himmel.

Auch nach seiner spirituellen Wende blieb er ein produktiver Autor. Er schrieb weitere 25 Bände über seine Erfahrungen im Geisterreich und dessen Beziehungen zur Erde. Dabei hatte er keine Schreibkräfte, sondern sah sich als Sekretär des Geistes, der ihm alles diktierte. In seinem Arbeitszimmer gab es keine Bücher oder Zettelkästen. Alles strömte unmittelbar in seine Hand. Sein Freund Graf Höpken sagte, Swedenborg habe in seinen späten Jahren nicht mehr die Bücher anderer gelesen, weil er so beschäftigt war, seine eigenen zu schreiben.

In der Theologie stritt er für die Liebe, die ebenso wichtig wie der Glaube sei und nicht von ihm getrennt werden dürfe. Die guten Taten sind Ausdruck dieser Liebe. Seine folgenreichste Lehre besteht in dem System der Korrespondenzen, das er bis in Details verfolgte. Er stellt darin etwas zusammen, was man eine Enzyklopädie der Entsprechungen nennen könnte. Das Universum als Ganzes hat eine menschliche Gestalt, und jeder Aspekt entspricht einem Teil des menschlichen Körpers. Die Nase ist gut, und mit ihren beiden Löchern kann sie zwischen Gut und Böse unterscheiden. Die Augen korrespondieren überirdischen Lebensgemeinschaften, die park-ähnliche Regionen bewohnen. Jedes in der Bibel erwähnte Tier hat eine genaue geistige Funktion. Uraltes Denken meldet sich bei Swedenborg, doch profitiert es von seinen genauen Kenntnissen der Anatomie, Physiologie oder Neurologie. Das Denken in Korre-spondenzen inspirierte Goethe ebenso wie später Emerson, Baude-laire oder auch Joyce. Da das ganze Universum auf den Menschen bezogen ist, ist nicht nur die Erde von intelligenten Wesen bewohnt, auch die anderen Planeten sind es. 1758 publizierte er das Werk, das umfassend Auskunft über die Geistesformen der außerirdischen Welt gibt. Auf deutsch erschien es 1770 unter dem prägnanten Titel *Von den Erdcörpern der Planeten und des gestirnten Himmels Ein-wohnern, allwo von derselben Art zu denken, zu reden und zu han-deln, von ihrer Regierungs-Form, Policey, Gottesdienst, Ehestand und überhaupt von ihrer Wohnung und Sitten, aus Erzählung dersel-ben Geister selbst durch Emanuel Swedenborg Nachricht gegeben wird. Ein Werk zur Prüfung des Wahren und Wahrscheinlichen, wor-aus wenigstens vieles zur Philosophie und Theologie, Physik, Moral, Metaphysik und Logik kann genommen werden, aus dem Latein übersetzt und mit Reflexionen begleitet von einem, der Wissenschaft und Geschmack liebt.* Kant, der über Swedenborg lästerte, hat sich im übrigen auch für die Vorstellung von intelligenten Wesen im Weltraum erwärmen können. Swedenborg hatte jedoch den Vorteil, daß er sich mit den Bewohnern von Mars, Jupiter und Venus unter-halten konnte. Auf Jupiter schaut man sich nicht direkt an, man spricht auch leiser als bei uns und drückt mehr mit dem Gesicht aus. Das Sprechen auf dem Mars gleicht eher einem Lufthauch. Die Geister vom Merkur interessieren sich in erster Linie für die Ver-größerung ihres Wissens. Sie denken schneller als die Menschen und haben keine Bücher nötig. Da das ganze Universum ein Mensch ist, entsprechen die Planetengeister verschiedenen Funktionen im Kör-per dieses Menschen. Die Erdgeister stellen die Haut dar, während der Merkur für das Gedächtnis steht.

Immer wieder nimmt Swedenborg seine kosmischen Flüge auf, sie sind ihm zur Routine geworden. Wenn man seine Berichte liest, fragt man sich, ob er wirklich seinen Gesundheitspaß hatte. Jorge Luis Borges, einer seiner Bewunderer, schrieb, man habe keinen Augenblick lang einen Zweifel, daß Swedenborg bei Verstand war. Sein Doppelleben führte allenfalls zu gewissen exzentrischen Erscheinungen. Sein privates wie öffentliches Leben nach seiner spirituellen Wende bestätigen diese Einschätzung. Um sich zu amüsieren, legte er sich Hecken in Form eines Labyrinthes an und freute sich, wenn Gäste und vor allem Kinder sich darin verirrten. Tag und Nacht arbeitete er und war fast immer gesund, auch wenn er hauptsächlich von Brot, Milch und Kaffee lebte. Kaffee brauchte er ständig, doch ging er nicht daran zugrunde wie sein Bewunderer Balzac. Wenn er einmal kurz krank wurde, schrieb er es der Tätigkeit von Dämonen zu, insbesondere bei Zahnschmerzen. Er lehnte Medikamente ab, weil ihm in einer Vision mitgeteilt worden war, daß die Schmerzen bald nachlassen würden. Er war zeitlebens, auch durch eine Erbschaft, vermögend und konnte sich einen angenehmen Lebensstil leisten, doch blieb er einfach. Das Geld floß in seine Reisen und Bücher, deren Druck er meist selbst finanzierte. Was ihn glaubwürdig macht, ist, daß er nie versuchte, andere zu missionieren. Vielleicht ist deshalb die Neue Kirche, die auf sein Werk gründet, nie besonders gewachsen. Er versuchte nie, Geschäfte mit seinen visionären Fähigkeiten zu machen, und lehnte es ab, als Wahrsager mißbraucht zu werden. Die Seeleute erzählten, daß sie auf Fahrten mit Swedenborg an Bord immer gutes Wetter hatten. Sie hatten Respekt vor diesem seltsamen Einzelgänger und nahmen es gutmütig hin, wenn er meist in der Kabine lag und Selbstgespräche zu führen schien. Höhere Kräfte, scheint es, sorgten auch dafür, daß er immer genügend Kaffee dabeihatte. Jeder erkannte, daß Swedenborg kein Scharlatan war, sondern ein bescheidener und besonders begabter Mann. Auch als öffentliche Person betätigte er sich weiterhin. So nahm er Stellung zur Frage von Monarchie und Republik und war der Auffassung, daß Gott größeres Gefallen an Republiken habe. Die Meinungsfreiheit war ihm wichtig, und er hatte Mitleid mit den Deutschen, denen diese Freiheit lange Zeit nicht vergönnt war. Die Deutschen könnten sich deshalb nicht auf eigene Meinungen berufen, sondern müßten immer auf Bücher verweisen. Auch in die Frage des für Schweden immer akuten Alkoholismus mischte er sich ein und forderte ein staatliches Monopol für die Herstellung alkoholischer Getränke. Mochte er seinen Zeitgenossen als hoffnungsloser Visionär, als Mondelixier erscheinen, schreibt Emerson, so führte er doch ein höchst reales Leben in dieser Welt.

Eines Tages bemerken die Engel, daß Swedenborg traurig ist. Als sie ihn nach dem Grund fragen, antwortet er, er habe den Menschen große Erkenntnisse mitgeteilt, doch sie hielten sie für wertlos. Man schreibt die Wahrheit auf ein Stück Papier und läßt es zur Erde hinabfallen. Solange es durch das Geisterreich fällt, leuchtet das Papier, doch die Schrift wird immer dunkler, je näher es der Erde kommt. Als es schließlich ankommt, zerreißen es die Menschen, die nichts damit anzufangen wissen. Swedenborg wurde Zeit seines Lebens kaum ernstgenommen. Doch weil er wußte, daß er die Wahrheit sagte, konnte er dies ertragen.

Bein wird Rad

Freiherr von Drais

Das Fahrrad ist das Gerät auf Erden, das die beste Umsetzung von Energie in Bewegung leistet. Mit einem Pfund Fett kann ein Radler etwa 300 Kilometer hinter sich bringen. Die einzigen, die das Fahrrad in dieser Hinsicht übertreffen, sind der Lachs und der Jumbojet. Die Maschine ist also fast perfekt, soweit dies unter irdischen Bedingungen möglich ist. Ihre heutige Form erhielt sie am Ende des 19. Jahrhunderts: zwei fast gleich große Räder, Kettenantrieb, Pedale, Gummireifen. Das Fahrrad befreite den kleinen Mann aus der Enge seiner Umwelt, die Frau aber von Herd und Kontrolle sowie von unpraktischer Kleidung. Ein guter Teil der Emanzipation wurde vom Fahrrad ausgelöst. Bis heute ist das Fahrrad in bestimmten Kulturen wie Indien oder China das wichtigste Fortbewegungsmittel. Ein großer Teil unserer Räder und deren Ersatzteile werden in Indien produziert. Das Fahrrad ist ein globaler Faktor, auch im Sinne von Umwelt- und Gesundheitspolitik.

Wir fragen uns, wie die Menschheit ohne dieses Gefährt über Jahrtausende auskommen konnte? Überhaupt hat sie den größten Teil ihrer Geschichte ohne Räder verbracht.

So ist das Gehirn, dem das Fahrrad entsprungen ist, von besonderem Interesse. Was heute selbstverständlich ist, muß unter den Bedingungen einer anderen Zeit als exzentrisch erfahren werden. Das Neue ist zunächst unmöglich, verrückt, und wer sich für das Neue einsetzt, muß in einer bestimmten Art ein Spinner sein. Er kämpft für das Unsichtbare, für seine Vision einer Realität, die noch nicht eingetreten ist. Man muß annehmen, daß im Verlauf der menschlichen Evolution immer Spinner aufgetreten sind, die für geistige Mutationen sorgten und von Zukunft sprachen, wo man kaum mit der Gegenwart zurechtkam.

Auch die technische Evolution scheint sich besondere Mitglieder der menschlichen Gattung auszusuchen, um ihre Vorwärtsbewegung zu ermöglichen. Im Falle des Fahrrads wählte sie sich einen

Förster ohne Wald, einen aufsässigen Eigenbrötler, der im Schatten seines Vaters stand. Nach allem, was wir wissen, hinderte der Vater seinen Sohn daran, erwachsen zu werden. Vielleicht war es die erzwungene Unreife, die zum Gedankenspiel mit fremdartigen Fahrzeugen führte, mit Junggesellenmaschinen. Das Fahrrad ist jedenfalls das Produkt einer unglücklichen Familie und diente daher von Anfang an der Befreiung.

Am 23. März 1819 erdolchte der Student Karl Ludwig Sand in Mannheim den konservativen Schriftsteller August von Kotzebue und löste damit eine Flut reaktionärer Maßnahmen aus. Den Prozeß gegen Sand, der hingerichtet wird, leitet Carl Wilhelm Freiherr von Drais, der Vater des Erfinders. Im Jahr der Hinrichtung Sands, 1820, ist der Sohn des Freiherrn, Karl, 35 Jahre alt. Er steht auf dem Gipfel seines kurzlebigen Ruhms. Seine Erfindung, die Laufräder oder Velozipeden, erobern die Parks und Höfe Europas. Allerdings erscheinen an manchen Orten auch schon die ersten Verbote gegen diese schnellen Fahrzeuge.

Wir wissen wenig über die Kindheit des Erfinders. Viel mehr wissen wir über seinen Vater. Er dichtete und veröffentlichte ohne alle Hemmung. Er war aber auch Epileptiker, litt unter Sprachstörungen und schrieb unter dem Pseudonym Diätophilus Traktate über seine Heilung. Wenn die Holzhäuschen seiner Kinder einstürzten, bereitete ihm der Lärm unendliche Schmerzen. Er stellte sich eine Diät für Nervenschwache zusammen, betonte die Wichtigkeit von wollener Unterkleidung und die Schädlichkeit des Badens, er schrieb über die richtige Art des Frottierens. Er legte sich Gurte um den Unterleib, trug Pulswärmer, mehrere Paar Handschuhe und einen ledernen Hut, der alle paar Sekunden zu lüften war. Auch für die «Begattungs-Geschäfte» gab er Rat. Zwei Stunden nach der mäßigen Abendmahlzeit «weihe deine Bettstelle ein... Der Platz, wohin deine Kniescheiben zu liegen kommen, sei gewärmt, und noch mehr sei es die Gegend der Füße, wenn du gleich mit Strümpfen und Unterbeinkleidern bedeckt bleibest... Gehe nach Möglichkeit mit gemäßigtem Feuer, nächst vor und in dem Akt, zu Werk; ziehe ein sanftes Lächeln des Geistes in dein Interesse – und du wirst Lust gewinnen... Indes streichle dir das Weib, das dich in Liebe umschlingt, den Rücken abwärts, um die Wallungen gegen den Kopf zu dämpfen... Besänftige dich noch an der Gattin Brust gegen eine Viertelstunde hin; und in einer Minute, in welcher du dich matter, oder einen Ausbruch von Ausdünstung nahe fühlst, rühre dich nicht.» Der Vater ist der Schlüssel für den Sohn: Der pädagogische Schriftsteller hat einen psychotischen Sohn, was an den Fall Schreber erinnert. Man kann beide zusammen als eine einzige psychotische Person ansehen, so verstiegen sind die Rezepte, die der Vater erfolgreich bei sich anwendet, und so verquer die Erfindungen, die dem Sohn immer wieder Befriedigung, wenn auch keinen dauerhaften Erfolg verschaffen. Und was hat er nicht alles erfunden: ein Schnellschreibklavier, eine Art Morseschrift, einen Energiesparofen, eine Kochmaschine, ein binäres Rechensystem, eine Notenschriftmaschine, eine Fleischhackmaschine sowie Verbesserungen für das Feuerlöschwesen.

Karl wächst in Karlsruhe auf, mit einem Zwischenspiel im Hunsrück, und ist kein guter Schüler. Als er vierzehn ist, liegt die Mutter im Sterben. Der Vater fürchtet sich, zieht sich zurück und schickt morgens den Sohn zur Mutter, er solle nachsehen, ob sie noch lebe. So muß der Sohn dem Vater den Tod der Mutter verkünden. Mit 15 schickt der Vater ihn auf die Forstschule des Onkels im Schwarzwald, nicht ohne ihn mit ein paar homerischen Versen zu versehen: «Unsern redlichen *Karl*, bedächtlicher Art und vergebens/Mit dem Latein gemartert, befrei ich von dieser Befehlung./Lehrling beim Onkel, durchstreift er die Forste, pflanzet und säet/Jaget das Wild, und gedeiht an körperlich-starker Entwicklung.»

Nach drei Jahren Wald finden wir ihn an der Universität Heidelberg wieder, wo er Landwirtschaft, Physik und Baukunst studiert. Nach erfolgreich absolvierten Studien geht er wieder ins Forstamt, dann nach Schwetzingen, schließlich wird er nach Freiburg versetzt, landet aber in Offenburg. Er weiß nicht, wohin er gehen soll, und schreibt diesbezüglich Briefe. Trotz der Eingriffe des mächtigen Vaters verschafft ihm die Landesverwaltung nie einen eigenen Forstbezirk. Irgendwie kann er im Wald nicht Fuß fassen. Später reicht er einen Vorschlag ein, den Wald soweit wie möglich abzuholzen, um mehr Felder zu bekommen. Mit 25 zieht er in das Haus seines Vaters nach Mannheim zurück und wird Erfinder. Bald beginnen von ihm Anzeigen neuer Erfindungen im «Badischen Magazin» zu erscheinen. Im Jahre 1812 heißt es in der «Gemeinnützlichen Anzeige Nro. 2»: «Ich habe nämlich eine Maschine erfunden, wodurch Phantasien auf dem Klavier sich zugleich in Noten aufschreiben.» Der Sinn liegt in der Mühelosigkeit sowie in der Aufbewahrung «glücklicher Phantasien». Die Erfindung hat also einen praktischen und einen emotionalen Wert. Es geht um Mechanik und die Rettung des Augenblicks, den man zum Verweilen einlädt, denn gerade die «feurigsten Gedanken» können nun festgehalten werden. Eine solche Maschine ist nicht erhalten, aber wir können uns vorstellen, daß die Töne auf Papierrollen übertragen wurden. Es heißt, Vater Drais habe durch die Experimente seines Sohnes einen Flügel verloren.

Seine nächste Erfindung, die er der Öffentlichkeit anzeigt, heißt «Dyadik» oder die Kunst, alles durch zwei Zeichen auszudrücken. Leibniz hatte schon ein binäres Zahlensystem entwickelt, in dem er jede Zahl durch 0 und 1 ausdrücken konnte. Drais scheint nicht davon gewußt zu haben, zumindest bezieht er sich nicht auf Leibniz. Für die Zahlen 0 und 1 schlägt er auch Strichelchen vor, so daß wir hier eine erste Form des Warenstrichcodes hätten. Sein System diente der optimalen «Gedankenmitteilung». Er steht damit in einer Tradition der Kombinatorik, die mit dem katalanischen Mystiker und Dichter Raimundus Lullus beginnt und in der man versuchte, sämtliche Zeichen auf Zahlen zu reduzieren, auch die Formen der Rede. Ob Drais sich zu dieser Tradition bekannte oder nicht, seine Idee gehört zu den Vorläufern jener Maschinen, für die die Welt nur Zahl ist, den Computern. Er bekennt zudem, bei einem Meister, dem belesenen Professor Bürmann, in die Lehre gegangen zu sein. Dieser Professor gab am Wochenende Kurse in Schnellschrift, Geheimschrift, Allschrift und Fernschrift. Außerdem arbeitete er an der Entwicklung von Fühlschrift, Schmeckschrift, Tastschrift, Temperaturschrift und Riechschrift. Wir befinden uns geradezu im Wohnzimmer der schrägen Erfindungen, wie sie die Herren Palmström und Korf im Werke Christian Morgensterns betreiben.

Die nächste gemeinnützige Anzeige betrifft das Feuerlöschwesen. Drais ist der Meinung, man solle das Löschwasser nicht in Eimern, sondern in Bütten an das Feuer herantragen. Damit könne der Staat gehörig Geld sparen. Aber auch hier ist er nicht zeitgemäß, denn soeben bricht das Zeitalter der Lederschläuche und Schiebeleitern an.

Im Jahre 1814 versucht der Vater über Beziehungen noch einmal, für den ältesten inaktiven Forstmeister des Landes einen Bezirk zu bekommen. Vergeblich. Die Förster und ihre Bürokraten können mit diesem genialischen Sohn nichts anfangen.

Im Rückblick läßt sich sagen, daß seine bisherigen Erfindungen auf diejenige vorausweisen, mit der er sich einen Namen machen sollte. Das Rechnen wollte er vereinfachen im Sinne von Mechanisierung, die Zahlen wollte er von ihren unterschiedlichen Qualitäten auf Quantitäten reduzieren. Die Musik des Klaviers wollte er in die zweidimensionale Welt des Papiers übersetzen. So könnte man sagen, daß das Laufrad den ersten Schritt zum Abheben von der konkreten und störrischen Realität darstellte. Die Beine übertrugen ihren Gehschwung auf zwei Räder. 1813 vermeldet Drais, einen Wagen gebaut zu haben, der ohne Pferde bewegt, vielmehr von einem darin sitzenden Menschen per Fußabstoßen vorangetrieben wird. Uns kommt das komisch vor. Warum denn keine Pferde? Die Pferde verkörpern eine alte Zeit, den Feudalismus und den Klassenunterschied. Abhängigkeit im weitesten Sinn, und die hieß bei Drais Abhängigkeit vom Vater. Ein vaterloses Fuhrwerk sozusagen schwebte ihm vor.

Dem Exzentriker muß es immer um die Freiheit gehen. Es ist das Jahr der Völkerschlacht bei Leipzig, und der Zar kommt nach Karlsruhe. Es wird berichtet, daß Drais dem Kaiser von Rußland sein Fahrgerät vorführen durfte und der Kaiser meinte, «ganz schön genial». Schließlich soll der Zar dem Erfinder einen Brillantring geschenkt haben. Der Großherzog läßt Gutachten anfertigen, die zu dem Schluß kommen, es sei doch am Ende besser, Ortsveränderungen mit den eigenen Füßen zu bewerkstelligen. Einzig für «destruierte oder solche Personen, welche keine Füße haben», könnte ein solches Fahrgerät nützlich sein; allerdings müßten gerade diese eine Bewegung über die Hände herstellen. Also ist es nichts mit dieser neuen Fahrmaschine. Die beiden Vorbilder, die es für Drais hätte geben können, waren Fahrzeuge für Behinderte, so wie sie im 17. Jahrhundert von Stefan Farfler in Altdorf gebaut wurden, und die barocken Luxuskarossen, die von Uhrwerken betrieben wurden. Einen anderen Gebrauch können die Gutachter nicht ins Auge fassen. Drais dagegen setzt auf die Befreiung von Bedingungen, die den Verkehr bislang belasteten: «Neben der ungemeinen Ersparnis», schreibt er in einer Auflistung der Argumente, «hängt man nicht von dem Mangel oder der Unpäßlichkeit, vom Scheuwerden oder der Trägheit eines Pferdes, noch vom Unglück mit dem Tiere ab.» Mit seinem Gefährt tritt er noch einmal öffentlich auf, und zwar dort, wo sich Europas Mächte versammeln und dabei allerlei Schausteller, Erfinder und Weltverbesserer anlocken, auf dem Wiener Kongreß von 1814. Die Stadt läßt er plakatieren mit seiner Ankündigung eines selbstfahrenden Fahrzeugs, doch der Großherzog von Baden untersagt ihm, dabei seinen Titel zu gebrauchen. Man will sich mit diesem spinnenden Forstmeister nicht kompromittieren. Ein Zeitzeuge berichtet, wie merkwürdig es gewesen sei, einen Wagen ohne Pferde herumfahren zu sehen: «Wäre vor fünfzig Jahren solch ein Wagen zu einem Dorf hineingefahren, die Bauern würden sich bekreuzigt haben.» Drais' Fuhrwerk verkauft sich nicht oder kaum und verschwindet schließlich. Der Erfinder wendet sich in der Zwischenzeit neuen Konstruktionen zu: einer «neuen Methode, viel schneller zu schreiben, als bisher möglich war», einer Schießmaschine, die weiter reicht und tiefer durch die Körper dringt, sowie einem Periskop oder «Erhöhungs-Perspektiv». Dies letztere empfiehlt er für Volksversammlungen, so daß ein kleiner Mensch, wie er selbst es war, auch über die Großen mit Kopfbedeckungen würde hinwegsehen können. Im Erdgeschoß eines Hauses kann man mit diesem Gerät auch Ansichten erhalten, die man nur hätte, wenn man auf das Dach stiege. Auf Schiffen ließe sich ein größerer Weitblick über das Meer erreichen, und Feldherren bräuchten nicht mehr auf Leitern klettern, um das Kampfgeschehen zu beobachten. Leider war dieses optische Instrument im 17. Jahrhundert schon erfunden worden und kursierte als *Kriegsgucker* oder *Wallgucker*. Auf jeden Fall bleibt Drais unermüdlich produktiv. Die große Erfindung schwimmt auf einem Fluß daher, der pausenlos Ideen vorbeiträgt, neue wie abgestandene, verbrauchte und originelle. Wichtig ist nur, der Fluß strömt weiter: das Geheimnis der Kreativität.

Das Rad, heißt es, hat der Mensch der Natur nicht abgeschaut, es stelle so etwas wie den Beitrag des Menschen zum Universum dar. Nein, so ist es wohl nicht. Das Universum ist geradezu von Rädern erfüllt. Die Planeten sind mehr oder weniger rund und bewegen sich mehr oder weniger auf Kreisbahnen, auch wenn diese elliptisch ausgezogen sein mögen. Das Rad hat der Mensch sehr wohl dem Kosmos abgeschaut. Das Fahrrad verbindet uns also mit den Sternen. Es setzt einen Fernblick voraus, ein Ungenügen an der Nähe. Dieses Ungenügen ist das Kennzeichen des Erfinders. Die geniale Idee des Barons besteht nun darin, den Fahrwagen zu halbieren und es nur noch mit zwei Rädern zu versuchen, die hintereinander angeordnet sind. Der Technikhistoriker Joachim Krausse hat es so formuliert: «Wird der Wagen halbiert, wird das Pferd halbiert, wird der Reiter halbiert. Es bleiben übrig: zwei Wagenräder, zwei Pferdebeine, ein Stück Pferderücken mit Sattel, ein Oberkörper, der die Zügel in der Hand hält.» So entsteht eine verrückte Dreiecksbeziehung: «Der Reiter ist das Pferd, und das Pferd ist der Wagen.» Zu Recht kann man hier von Unsinnspoesie reden. Das neue Fahrgerät entsteht durch Schnitt und Montage wie ein Nonsens-Vers oder später der Film. Es kann seine Herkunft aus dem Geiste des Spielzeugs nicht verleugnen, und das wird auch immer wieder der Vorwurf sein. So schrieb Karl Gutzkow einen bösen Verriß des Laufrads und sprach von den «kindisch-winzigen Hilfsmitteln» und den «mechanischen Hirngespinsten» des Barons. Gutzkow wollte Drais 1837 mit dergleichen Abwertungen niedermachen, vermutlich aus Rache für das Urteil gegen den Kotzebue-Mörder, das Karls Vater einst ausgesprochen hatte.

Schon vor Drais sollen Laufräder existiert haben, aber es gibt keine Beweise dafür. Meist handelt es sich um nachträgliche Fabrikationen zum Ruhme des eigenen Landes. Bei der Art von Bewegung wird gerne eine Verbindung zum Schlittschuhlaufen gezogen. Entscheidend ist wohl, daß bei Drais das dynamische Gleichgewicht auf Räder gebracht wird. Das heißt, daß von nun an Fortbewegung Bedingung für das Gleichgewicht wird. Wer fährt, bleibt. Wer steht, fällt. Damit ist sozusagen das Programm der Moderne umschrieben, das da lautet: Innovation, Mobilität und Fortschritt, Überleben als ständige Anpassung.

1817 führt Drais an der Mannheimer Schloßwache die Maschine erstmals einem Publikum vor. Ganz Mannheim ist herbeigeströmt, das Wunder zu besichtigen. «Den kleinen, schwarzen Schnurrbart kühn zur Spitze gedreht», berichtet ein Zeuge, «mit einem dünnen Spazierstock in der Hand, fuhr [Drais], verfolgt von der Schuljugend, die ihm johlend und höhnend nachsprang, die Breite Straße hinunter.» «Herr von D. ist ein Narr», sollte Gutzkow später schreiben. Der Narr aber bewies, daß sein Schnellfuß oder Veloziped kaum zu schlagen war. Er schafft zehn bis 15 Kilometer pro Stunde und schlägt damit die Pferdepost um das Vierfache. Für die 50 Kilometer von Karlsruhe nach Kehl braucht er ganze vier Stunden. Exzentriker aus dem Adel und andere Reiche bestellen sich die Maschine, um damit Aufsehen zu erregen. Drais bietet verschiedene

Modelle an und malt weitere Möglichkeiten aus: «Noch größere Eleganz und weitere Bequemlichkeiten, z.B. ein seidner Schirm gegen Sonne und Regen, ein Windfang, um günstigen Wind zu benutzen, eine Laterne und Vergoldungen etc. etc. wären besonders zu accordiren.» Ein Nürnberger Mechaniker machte sich an eine Verbesserung und trat mit einem Laufrad hervor, bei dem die Beine nicht mehr gebraucht würden. Die Fortbewegung sollte nun mit zwei Eisenstäben bewerkstelligt werden. Wie imaginär dieses Rad auf Stelzen ist, wissen wir nicht, jedenfalls bot derselbe Mechaniker in seinem Katalog auch einen Zauberer-Automaten an, der schriftlich zehn beliebige Fragen beantworten konnte. Drais jedenfalls reiste, baute und hielt Werbevorträge in diesen Jahren über das Laufrad ebenso wie über die Kunst, alles in zwei Zeichen auszudrücken.

Das Veloziped half ihm derweil, alles mit zwei Rädern auszudrücken. Er bemühte sich, Patente zu erhalten, und wollte Laufräder verbieten lassen, die nicht sein Zeichen trugen und dieses nicht «der rollierenden Maschine sichtbar vorne einverleibt» hatten. Die ersten Laufräder erreichten auch die Bühne und sorgten für komische Effekte. Goethes Sohn August schrieb seinem Vater: «... besonders lächerlich waren viele Draisinen, welche vorkamen und welche sehr gut gefahren wurden.» Auch Paris und London entdeckten das Veloziped. John Keats nannte es «die Nichtigkeit des Tages». Es hieß nun *hobby-horse, dandy-horse, Accelerator, Equiambulopeid* oder *Célérifère*. In Parks und Gärten, auf einsamen sandigen Wegen tummelten sich die Radfanatiker, stürzten regelmäßig, stießen zusammen oder wurden von Meuten verfolgt und mit Steinen beworfen. Solche Bewegungskomik forderte die Karikaturisten heraus, man machte sich lustig über diese Mode. Doch es gab auch Hellsichtige, die mehr darin sahen als ein läppisches Spielzeug. So sagte der Gründer des ersten Tierschutzvereins in London, Lewis Gompertz: «Das lächerliche Licht, das einige Müßiggänger und Karikaturistenkrämer auf sie geworfen haben, wird vor den Strahlen der Vorteile verschwinden, die die Draisinen der Welt noch einst gewähren werden.» Mietanstalten und Fahrschulen schossen aus dem Boden.

Doch der erste Boom der Laufräder währte nur kurz, denn nun kam dem Baron wieder die Politik in die Quere. Polizeiverordnungen setzen ab 1820 Verbote gegen Laufräder durch, weil sie den ge-

fährlichen Studenten und Turnern helfen konnten, sich zusammen-
zurotten und der Obrigkeit zu entgehen.

Vielleicht erklärt diese staatliche Bremse, warum wir im Jahre
1822 den Baron von Drais in einem anderen Erdteil wiederfinden –
in Brasilien. 1825 erschienen anonym die «Briefe eines Deutschen»,
der an der südamerikanischen Expedition des Freiherrn von Langs-
dorff teilgenommen hat. Erst 1985 gelang es, den Verfasser als den
Erfinder des Velozipeds zu identifizieren. Er soll seine Erfindung
mit nach Brasilien genommen haben. Die Briefe, die er nach
Deutschland schreibt, sind an seinen Vater gerichtet und als War-
nungen gegen «übereiltes Auswandern» gedacht. Er kritisiert die
Sklaverei, die mangelnde Sicherheit und korrupten Zustände im
Lande. Es gibt keinen guten Kaffee im Lande des Kaffees, und die
Bettler sind überall zu sehen. In Rio de Janeiro fallen ihm die
schlechten Karren auf, die keine «Drehungs-Anstalt» besitzen und
daher unter großen Mühen von den schwarzen Sklaven um die Ecke
getragen werden müssen. Er stellt sich Maschinen vor, mit denen
man die Goldklumpen besser ausgraben kann. Fünf Jahre später ist
er wieder in Mannheim, da feiert der Vater sein fünzigjähriges
Dienstjubiläum. Mit dem Laufrad dagegen ist es nicht mehr viel,
die Mode ist verflogen wie ein zu früher Schmetterling im Frost.
Doch der Erfinder arbeitet weiter. Wieder ist er der Zeit voraus, der
Bewohner einer Zukunft, die den Mitmenschen nichts als ein win-
diges Luftschloß ist. 1831 erscheint ein Bericht über seine «Schnellschreibmaschine» oder das «Schreibklavier». Die Maschine ist nicht
erhalten, wohl aber einige Hinweise. Wir können uns ein stehendes
Radfahren vorstellen: Der Schreiber sitzt auf einem Reitsitz und hat
eine Maschine zwischen den Beinen, mit der man stenographieren
kann. Es gibt nur noch 16 Buchstaben, und diese werden durch
Punkte ausgedrückt. «aller anfang ist schwer» erscheint daher
als «aler anfg isdh swer.» Drais behauptet, man könne damit an
die 1000 Buchstaben pro Minute schreiben. Die Maschine, sagt er
weiter, sei für Blinde geeignet; daher hat man hier eine Vorform
der Braille-Schrift vermutet. Jeder einzelne Buchstabe wird durch
eine Tastenkombination hergestellt, was eine Verwandtschaft mit
telegraphischen Verfahren nahelegt.

Drais bietet Unterricht in dieser neuen Methode an, zugleich mit
der Möglichkeit, das «Draisinenreiten» zu lernen. Unbescholtene
Personen erhalten kostenlosen Unterricht. In einer Broschüre

verkündet er einige Regeln. Einige Menschen bräuchten ein ganzes Leben, sie zu lernen, andere nur einen Tag. Das Regelwerk, das nun folgt, erinnert an die Diätexzesse des Vaters. Für den Abend vor der Schreibübung wird ein gutes Abendessen mit Wein empfohlen sowie komplette Nachtruhe. Nach den ersten Übungen morgens reibe man die Hände mit reinem Fett (gut ausgelassenem Schweineschmalz) und Branntwein ein. Dann bringe man das Blut durch Bewegung in Schwung, nehme wieder ein gutes Mahl mit Champagner ein, «so wird man sehr wahrscheinlich gleich darauf das schnellste Sprechen schriftlich erreichen oder übertreffen können».

Es geht ihm also wieder um die Geschwindigkeit, die durch Vereinfachung von Bewegung, durch Reduktion von Zeichen und deren Mechanisierung erzeugt wird. Neuronale Störungen, wie sie sich etwa in Sprachstörungen und Aphasien zeigen, hängen oft zusammen mit unterschiedlichen Verarbeitungen von Geschwindigkeit in betroffenen Hirnbereichen. Man erinnert sich daran, daß Drais Senior an solchen Aphasien litt. Laufrad wie Schreibmaschine sind möglicherweise Versuche des Sohnes, verschiedene Geschwindigkeitssysteme zu koordinieren. Joachim Krausse hat die Konstruktion des Laufrads mit einem Sprachspiel verglichen, das an die Unsinnspoesie eines Lewis Carroll oder Christian Morgenstern erinnert. Nonsens aber kann als ein kreatives Spiel mit Sprachstörung verstanden werden.

Eine Zeitlang noch scheinen die Erfindungen dem Erfinder Halt gegeben zu haben, doch gegen Lebensende versinkt er in asoziale Zustände. Seine Familie, die Schwestern, distanzieren sich zunehmend von ihm, er verwildert körperlich wie geistig und wird zum Spott der anderen. Da hilft auch nicht mehr ein neuer Ofen, mit dem er Energie einzusparen vorschlägt. Oder ein neuartiges Pfeifenrohr, das er für seinen Großherzog für «die Annehmlichkeit des Tobakrauchens» konstruiert. Er entwickelt Verfolgungswahn, glaubt, daß auf den großen Ebenen Amerikas Draisinenkorps eingerichtet worden seien. Das Ministerium verlangt, daß er seine Kammerherren-Uniform ablege, und Drais streitet sich mit dem Polizeikommissar, der das durchsetzen will und ihn schließlich aus Mannheim verweist. Der Erfinder hängt an seiner Uniform als letztem Erkennungszeichen seiner gesellschaftlichen Position. Seine Briefe unterschreibt er nun: «Der Freiherr von Drais, Großherzoglicher Kammerherr, Pensionierter Forstmeister, Charakterisierter

Professor der Mechanik, Großpramiierter des Landwirtschaftsvereins.» Drais kommt nach Hornberg, fühlt sich verleumdet, führt sich merkwürdig auf. Im Wirtshaus fällt er durch «Produzieren seiner Erfindungen, Singen, Brummen, Deklamieren und Tanzen» auf. So wird er weitergeschickt, nun nach Waldkatzenbach. Hier soll er für die Dorfbewohner Häckselmaschinen verbessert und Webstühle und Spinnräder repariert haben. In diesen Jahren von 1839 bis 1842 könnte er die Eisenbahndraisine erfunden haben. Inzwischen ist er aber krank geworden, vielleicht ist er Alkoholiker und nicht mehr richtig seßhaft, und er kehrt nach Karlsruhe zurück. Noch einmal kommt er auf eine genialische Idee. Er will eine Drais-Aktie einführen und mit ihren Geldern seine Zukunftserfindungen fördern. Mit Schreibmaschine und einem «dyadischen Sprachsystem» könne das Studieren auf der Universität so billig sein, daß «künftig fast jedermann alle Wissenschaften studieren kann». Er stellt sich eine Sprache vor, in der alle Wissenschaften ausgedrückt werden. Das ist alles zuviel für die Schultern eines Mannes in dieser konservativen Zeit. Doch die Tendenz seiner Ideen ist bemerkenswert und zielt auf die Fragen unserer eigenen Zeit. Multimediales Lernen, Fernuniversität und das Internet sind hier luftig vorgedacht. Er war im Geiste so reformfreudig, wie wir es uns für die Gesellschaft als Ganzes wünschen. So schlug er 1831 vor, alle sollten acht Monate ohne Pause arbeiten und die restlichen vier Monate würden lange Feste gefeiert. Auf Flugblättern, die er nun in seiner Wohnung von sieben bis neun und eins bis drei Uhr ausgibt und erläutert, empfiehlt er ein interessantes System, die Staatsschulden zu senken. Die Reichen sollen dem Staat Schenkungen machen und dafür öffentlich Orden tragen, «schön dyadisch durch zweierlei Querstreifen oder runde Zentrumringe von nur Gold und Silber umeinander geordnet».

1848 nimmt er am Aufstand gegen die Obrigkeit teil. Ein Jahr später ist seine Krankheit so weit fortgeschritten, daß die Entmündigung eingeleitet wird. Der Amtsarzt klassifiziert ihn als «Halbnarren» mit fixen Ideen. Am 10. Dezember 1851 stirbt Drais und wird, von der Öffentlichkeit unbeachtet, auf dem Karlsruher Friedhof beerdigt. Im Nachlaß fanden sich eine Kochmaschine, ein Ofenmodell, eine Schnellschreibmaschine und ein Veloziped. Vierzig Jahre später weihte der Deutsche Radfahrerbund ein Denkmal für ihn ein.

Den Dampf zum Rechnen bringen

Charles Babbage

Science-Fiction-Autoren spielen gerne mit der Vorstellung, was passiert wäre, wenn: Hitler den Zweiten Weltkrieg gewonnen, Napoleon von Moskau aus die Welt regiert hätte oder die Südstaaten im amerikanischen Bürgerkrieg die Nordstaaten besiegt hätten. Zwei Autoren, William Gibson und Bruce Sterling, haben sich einmal vorgestellt, was passiert wäre, wenn der Computer in der viktorianischen Zeit erfunden worden wäre. Hätte er etwa den Aufstieg und Niedergang des Britischen Empire beschleunigt, und wie hätte er die sozialen Bewegungen des 19. Jahrhunderts, die Moral und die Kulturkritik verändert?

Eine Art Computer ist tatsächlich von einem Viktorianer erfunden worden. Sein Einfluß auf die Rechner des 20. Jahrhunderts ist jedoch eher indirekt geblieben. Exzentrisch war dieser Viktorianer vor allem deshalb, weil er in vieler Hinsicht modern und seiner Zeit weit voraus war. Sein Projekt, von manchen Zeitgenossen, vor allem im Ausland, anerkannt, stieß in England jedoch immer wieder auf Schwierigkeiten. Charles Babbage war ein umgänglicher Mensch, er liebte Gesellschaften und war in dieser Hinsicht kein Eigenbrötler. Exzentrisch war jedoch eine Reihe seiner Erfindungen und Pläne, andere wiederum bereiteten den Weg in die Moderne vor. Insbesondere seine experimentelle Einstellung machte ihn modern. Vielleicht sagt uns das, daß die Moderne insgesamt eine Form von Exzentrizität darstellt.

Charles Babbage kam 1791 in Walworth bei London zur Welt. Seine Vorfahren waren Goldschmiede, und möglicherweise rührten seine feinmechanischen Interessen und Fähigkeiten aus dieser Linie. Experiment, Neugier und Systematik waren seine Stärken, und er war ein gründlicher Mensch, der alles überprüfen wollte. Als Junge wollte er wissen, ob es Gespenster und Teufel gibt, und so machte er eine Untersuchung. Er führte zu diesem Zweck eine Teufelsbeschwörung durch, wobei er aber keinen Pakt mit dem Herrn der

Finsternis plante. Erleichtert stellte er danach fest, daß bei seinem wissenschaftlich angelegten Experiment weder Eule, schwarze Katze noch Rabe in Erscheinung traten, und legte damit den Versuch zu den Akten. Überdies entwickelte er eine starke Konzentrationskraft, mit der es ihm etwa gelang, durch die Lektüre der Klassiker seine Zahnschmerzen zu vergessen. Einmal wollte er auch wissen, wie es ist, wenn man gebacken wird. Dazu sperrte er sich in einen Backofen ein und konstatierte die Zunahme der Hitze. Dieser Versuch mußte allerdings abgebrochen werden. Ein weiterer Versuch zielte darauf, die Wahrheiten der Heiligen Schrift experimentell nachzuweisen. Da der Erlöser auf dem Wasser gewandelt war, wollte er einen Weg finden, es ihm nachzutun. Dazu befestigte er mit Gelenken zwei alte Bücher an seinen Stiefeln, so daß sie beim Gehen auf dem Wasser auf- und abklappten. Durch rege Beinarbeit gelang es ihm, eine Zeitlang Kopf und Schulter über Wasser zu halten. Eine Harmonie zwischen den Offenbarungen der Schrift und den Erkenntnissen der modernen Wissenschaften herzustellen, darin lag eine lebenslange Motivation für sein Denken. Im *Neunten Bridgewater-Traktat* äußert er sich zu der Möglichkeit eines Lebens nach dem Tod in der Form von Vibrationen, die ein Mensch im Laufe seines Lebens in das Universum entlassen hat und die dort auf ewig fortleben werden. Vielleicht kann man dieses Phänomen vergleichen mit dem universellen Gedächtnis, das die Theosophen die Akasha-Chronik nennen.

Während seines Mathematikstudiums in Cambridge neigte Babbage dazu, mit Freunden Clubs zu gründen, darunter eine Vereinigung zum Nachweis einer übernatürlichen Welt und einen Club zur Rettung von Mitgliedern aus dem Irrenhaus. Näher an sein eigentliches Hauptwerk kam er, als er eine Gesellschaft gründete, die den Buchstaben d für die Infinitesimalrechnung einführen wollte. Bekanntlich pflegte Leibniz dieses d zu benutzen, das sich auf dem Kontinent durchsetzte, während Newton eine Schreibung mit Pünktchen vorzog. Zwischen beiden gab es einen erbitterten Streit um den Vorsprung in der Sache, aber auch um diese Zeichen. Babbages Gesellschaft nahm einen antibritischen Kurs und votierte in parodistischen Pamphleten für das d. Heute hat sich weltweit die Leibnizsche Schreibweise durchgesetzt. Eineinhalb Jahrzehnte später sollte Babbage den Lehrstuhl von Newton bekommen, den heute Stephen Hawking innehat.

Aber vor allem lagen ihm die Mechanik und die Maschine am Herzen. Zwei Maschinen werden seither mit seinem Namen verbunden: die Differenzmaschine und die Analytische Maschine.

Die Differenzmaschine hat ihren Ursprung in Babbages Interesse an Frankreich. So war er mit Napoleons jüngerem Bruder Lucien befreundet, der im englischen Exil lebte, und hatte gute Kontakte zur École Polytechnique, der zentralen Technischen Hochschule Frankreichs. Auf einer Parisreise wurde er mit logarithmischen Tafeln konfrontiert, die Frankreichs führender Bauingenieur zur Feier des neuen metrischen Systems angelegt hatte. Es waren siebzehn mächtige Bände, die von fast hundert Leuten in strenger Arbeitsteilung gefüllt worden waren. Die meisten von ihnen waren Friseure, die durch die Französische Revolution arbeitslos geworden waren.

Babbage kam die Idee, diese enormen Arbeitsvorgänge durch eine Maschine zu mechanisieren, nicht nur wegen der Arbeitserleichterung, sondern auch zur Vermeidung der zahlreichen sich einschleichenden Fehler. Beim Anblick derartig problematischer Tabellen rief er einmal aus: «Ich wünsche mir bei Gott, daß diese Rechnungen mit Dampf ausgeführt worden wären.»

Die Maschine, die er entwarf, nannte er Differenzmaschine, weil sie komplizierte Rechenvorgänge wie Multiplizieren und Dividieren durch Addition und Subtraktion von Differenzen ersetzte. Im Gegensatz zu den ersten Rechenmaschinen, die Leibniz, Pascal und Schickard gebaut hatten, konnte diese Maschine ihre Ergebnisse auch ausdrucken. Das Revolutionäre lag also in der Verbindung von automatischem Rechnen und Tabulation, wenn auch Johann Müller 1784 schon eine ähnliche Konstruktion beschrieb. 1822 baute Babbage zunächst ein kleines Modell, stieß aber an werkzeugtechnische Grenzen. Er machte sich daher auf, neue Fertigungsmethoden zu studieren, und besuchte dafür Fabriken und Werkstätten in England und Schottland. Zeitlebens war er ein großer Besucher von Industriebetrieben. Praktisch begabt wie er war, setzte er vieles gleich in seiner eigenen Arbeit um. Ab 1824 begannen die Arbeiten an der Differenzmaschine Nr. 1. Sie bestand aus etwa 25 000 Teilen und hätte, bei einem Umfang von 2,40 m × 2,10 m × 0,90 m mehrere Tonnen gewogen – wenn sie fertiggestellt worden wäre. Es sollte zu Babbages Lebenstrauma werden, daß die Maschine nicht vollendet wurde. Heute heißt es, die damalige

Werkzeugtechnik sei nicht in der Lage gewesen, die erforderliche Feinmechanik der vielen Zahnrädchen, Stifte und Hebel herzustellen. Doch die Belege dafür sind nur indirekt. Man hat seine Persönlichkeit als Erklärung ins Feld geführt, Intrigen, Konflikte mit seinem Ingenieur und die Unfähigkeit der viktorianischen Politiker, das Wegweisende dieser Maschine zu sehen und entsprechend finanziell zu fördern.

Allerdings waren auch schon Unsummen investiert worden, insgesamt etwa 17 740 Pfund. Das ist etwa zwanzigmal so viel wie die Dampflokomotive *John Bull* von Robert Stephenson kostete. Vieles kam also zusammen, so daß Babbage nach fast einem Jahrzehnt unermüdlicher Arbeit 1833 seine Anstrengungen einstellen mußte. 1847 entwarf er jedoch eine zweite Differenzmaschine, die er in allen Einzelheiten mittels einer von ihm entworfenen technischen Notation beschrieb. Dieser virtuelle Computer der viktorianischen Zeit wurde schließlich zur Feier seines 200. Geburtstags im Jahre 1991 von den Ingenieuren Reg Crick und Barrie Holloway für das Science Museum in London gebaut. Es ist ein merkwürdige Gefühl, wenn man diesem viktorianischen Computer gegenübersteht, einer Art Metamaschine, die nie realisiert wurde, aber aus deren Geist unsere heutigen Computer stammen, auf denen wir zum Beispiel Texte über Charles Babbage schreiben.

Babbage arbeitete selbst mit dem Torso, den er bis 1833 in die Wirklichkeit hatte hinüberretten können. Viele Besucher aus dem In- und Ausland kamen, das Werk des Meisters zu bewundern. Auf seinen berühmten Samstag-Soireen erläuterte er die Arbeitsweise und nutzte die Maschine zur Demonstration seiner Theorie der Wunder. Darin war er nicht unähnlich jenem Gelehrten, der mittels eines komplizierten Räderwerks die Existenz Gottes beweisen wollte.

Doch Babbage ließ es keine Ruhe, und er wandte sich einer dritten Maschine zu, der *Analytical Engine*. Diese war eigentlich eine Serie von zusammengeschalteten Maschinen, und sie konnte zusätzlich noch programmiert werden. Das Vorbild fand er im Lochkartensystem der Jacquard-Webstühle. Wäre diese Maschine gebaut worden, hätte sie die Größe einer Lokomotive erreicht. Es ist denkbar, daß die Lochkartentechnik über Umwege nach Amerika geriet und dort Albert Hollerith beeinflußte, der schließlich zum Begründer von IBM wurde. Die Finanzierung dieser Maschine war noch aussichtsloser, und so besann sich Babbage seiner anderen Fähigkeiten. Er plante, einen Roman zu schreiben oder Spielautomaten zu bauen, um das notwendige Geld für sein Projekt aufzutreiben, mußte jedoch den Gedanken bald aufgeben. Dennoch blieb er ruhelos und immer aktiv, vor allem auch nach dem Tod seiner geliebten Frau Georgiana. In der Tochter von Lord Byron, Ada Lovelace, gewann er eine tüchtige Mitstreiterin, die zudem ein mathematisches Genie war. Sie übersetzte und kommentierte Texte und machte ihm wichtige Verbesserungsvorschläge. Sie war seine «Enchantress of numbers», seine Zahlenzauberin.

Babbage steht nicht nur am Anfang der künstlichen Intelligenz, er war auch in anderer Hinsicht Wegbereiter, manchmal direkt, manchmal indirekt. Er stellte genaue Messungen über Erschütterungen von Eisenbahnwaggons an und kam so auf die Idee der sogenannten Black Box, die heute bei Flugzeugabstürzen entscheidende Hinweise über die Ursachen gibt. Er entwickelte ein Lichtsignalsystem für Leuchttürme und probierte es in seiner Londoner Wohnung aus. Bekannte, die vorbeikamen, notierten die Zeichen und warfen sie in seinen Briefkasten. Er schrieb einen ökonomischen Traktat, den nicht nur Marx für sehr bedenkenswert hielt, auch wenn Babbage ein Befürworter des Kapitalismus war. Marx exzerpierte mindestens 73 Stellen aus Babbages *The Economy of Manufactures*. Babbage ließ sich zweimal für die Liberale Partei aufstellen und scheiterte zweimal. Er gab Impulse für die Beleuchtungstechnik in Theatern und schrieb dafür eigens ein mythisches Ballett. Er entwickelte Geräte für die Kartographie und baute einen der ersten Netzhautspiegel für die Ophthalmologie. Wir können so weit gehen und sagen, daß Babbage auch den Camper erfunden hat. Auf einer seiner Reisen in Europa lernte er den Sohn des Kutschenbauers des russischen Zaren kennen. Dieser verriet ihm einige Geheimnisse seiner Kunst, so daß Babbage sich noch auf derselben Reise selbst eine praktikable Kutsche konstruierte. Es handelte sich um ein Gefährt, in dem eine Kochgelegenheit sowie andere Bequemlichkeiten eingebaut waren. Als er den Kontinent wieder verließ, verkaufte er das Vehikel.

Wie Edgar Allan Poe interessierte er sich für die Kunst der Geheimschrift und avancierte bald zu Englands führendem Kryptographen. Alles, was er anfaßte, tat er mit großer Gründlichkeit. Für die Verschlüsselung fertigte er aus einem Wörterbuch der englischen Sprache sechsundzwanzig neue Wörterbücher an, geordnet nach der Anzahl von Buchstaben der Wörter. Über Jahre hin wurde die ganze Familie in dieses Unternehmen eingespannt. Eine Nichte soll im Alter noch süchtig nach dieser Tätigkeit des Klassifizierens gewesen sein. Babbage ging noch einen Schritt weiter, indem er einen Traktat über das Knacken von Schlössern verfaßte. Zum Glück vieler Haus- und Safebesitzer gelangte diese Abhandlung nie an die Öffentlichkeit.

Bei all seinen Aktivitäten stand die Konzentration an oberster Stelle. So wundert es nicht, daß er den Feinden der Konzentration den Kampf ansagte. Babbage wohnte in einer Gegend Londons, die zunehmend unruhiger wurde. Kneipenlärm, Marktschreier, Harfen und Fiedeln am Abend, italienische Drehorgeln und deutsche Blasmusik, Kasperltheater, Affen, Tanz- und Singspiel, Athleten, Stelzenkünstler, falsche Hindus und Mohammedaner mit Trommeln, falsche Schotten, falsche Derwische, all das hinderte ihn an der Arbeit. Oft ließ er einen Wachmann kommen, aber als das nicht half, schrieb er einen Traktat gegen die Straßenmusik, den er in seiner Autobiographie *Passages from the Life of a Philosopher* abdruckte. Wenn böse Nachbarn ihn ärgerten, indem sie ihm Musikanten unter das Fenster schickten, konnte er unerbittlich zurückschlagen und die Störenfriede ins Gefängnis schicken. Am 25. Juli 1864 wurde das «Babbage-Gesetz» erlassen, die Verordnung zur Regulierung der Straßenmusik im innerstädtischen Bereich. Babbage starb 1871 im Alter von fast achtzig Jahren. Sein Biograph Anthony Hyman schreibt, Babbage habe gehofft, zum Lohn für sein irdisches Streben nun einen Blick in die himmlischen Programme tun zu dürfen.

Die Zahlenzauberin

Augusta Ada Lovelace

Ihre Stimme dringt leise zu uns, verschüttet unter dem Berg der Wissenschaftsgeschichte, in dem für Frauen noch nicht viel Platz ist, unter der Schutthalde des Genialen und Skandalösen, die ihr Vater, Lord Byron, der Nachwelt hinterließ. Augusta Ada Byron war eine der größten Mathematikerinnen des 19. Jahrhunderts. Sie war vor allem aber vielleicht der erste Mensch, der die universale Bedeutung von Rechenmaschinen erkannte und damit die Computerwelt des späten 20. und frühen 21. Jahrhunderts erahnte. Warum konnte gerade ihr dies gelingen? Um so weit in die Zukunft schauen zu können oder sie ahnend zu erfassen, muß man querdenken, geistig oder psychisch, so daß man mit der eigenen Zeit vor allem dies nicht teilt: ihren blinden Fleck. Eine große Unabhängigkeit von den hypnotischen Systemen, die sich Gegenwart nennen, ist dazu die wichtigste Voraussetzung. Als Adlige im viktorianischen England und Nachfahrin eines genialen Poeten war sie weitgehend unabhängig. Auch ihre Mutter muß ins Kalkül gezogen werden. Lady Annabella Byron unterstützte, ja forderte die mathematische Ausbildung ihrer Tochter, wohl auch in einer emanzipatorischen Neigung gegenüber ihrem Mann, Lord Gordon Byron, der der Phantasie und der Erotik die Zügel schießen ließ. Nur keine poetische Tochter, denn da käme die Grimasse des Vaters zum Vorschein. Aus der Sicht einer geschlechterspezifischen Rollenverteilung kann man sagen: Hier waren die Rollen der Eltern vertauscht, Vater Frau und Mutter Mann. Byron nannte seine Frau Annabella die «Prinzessin der Parallelogramme». Er sah sich und sie als zwei Parallelen, die sich nicht einmal im Unendlichen treffen würden. In Ada aber haben sich die beiden Parallelen doch geschnitten, allerdings nicht nur im Sinne von geistigem Reichtum, sondern auch zum Gram der Tochter. Byron verließ seine Frau, als Ada gerade fünf Wochen alt war, ging auf den Kontinent und widmete sich schließlich der Befreiung Griechenlands, wo er 1824 starb. Lady Annabella Byron hatte kein ausgeglichenes Wesen und verfolgte den Flüchtigen wegen seiner Affären, insbesondere wegen seiner angeblich inzestuösen Beziehung zu seiner Halbschwester Augusta. Diese hatte eine Tochter, Medora, die durch die Familiengeschichte irrlichtert: aber war sie Byrons Tochter? Lady Byron war sich dessen sicher, doch das ist Stoff für andere Erzählungen. Nur insoweit gehört es hierher, als Ada immer wieder in diese verlotterten Wirrnisse hineingezogen wurde. Daraus mußte sich ein gespanntes Verhältnis zur Mutter entwickeln, die sie in ihren Briefen meist die Henne nennt und auch so anspricht. Schillernd wie die Geschichte der Familie Byron ist auch der Name Ada Byron. Manche sahen in ihr nur eine Betrügerin im Spiel und in der Liebe, eine Hochstaplerin, andere erkannten ihre visionären Fähigkeiten und ihr mathematisches Genie. Einer, der immer treu zu ihr stand, war der Pionier des Computers, Charles Babbage.

Ada wurde 1815 geboren. Ein Jahr später wird ihr Vater am Genfer See sein und in einer legendären Runde mit Percy und Mary Shelley Gespenstergeschichten entwerfen. Eine davon wurde dann der erste Weltbestseller über künstliche Intelligenz, nämlich Mary Shelleys *Frankenstein*, die Erfindung einer Achtzehnjährigen. Byron schrieb dort ein Gedicht über den Weltuntergang. Aber das spielte sich alles weit von Adas Kindheit ab, obwohl diese Phantasien später in ihr Leben eindringen würden. In *Childe Harold* hat ihr Vater sie porträtiert:

Gleicht dem der Mutter, holdes Mädchen, Dein Gesicht!
Ada, du einz'ge Tochter meinem Heim und meinem Herzen?

Byron hatte stets ein Bild von ihr auf seinen Schreibtischen stehen, aber Ada sollte ihren Vater nie kennenlernen.

Schon als Kind ist sie oft krank und bettlägrig. Die ersten Jahre verbringt sie in vielen verschiedenen Häusern. Mit sieben hat sie schwere Kopfschmerzen, mit 15 bekommt sie die Masern, damals eine lebensgefährliche Erkrankung, die sie drei Jahre ans Bett fesselt. Zuvor hat sie jedoch begonnen, sich mit dem Fliegen zu beschäftigen. Sie baut sich Flügel aus Papier und Draht, denkt sich Befestigungen aus, berechnet Proportionen, studiert die Anatomie der Vögel. Sie stellt sich einen Dampf-Pegasus vor, eine Dampfmaschine, die sich mit Flügeln in die Lüfte erhebt. Erst 14 Jahre später sollte Henson mit einer solchen Luftdampfkutsche, seiner *Aerial Steam Carriage*, an die Öffentlichkeit treten. Sie verbringt Tage in ihrem Flugzimmer, das mit Sätteln, Geschirr und Flügeln gefüllt ist. Ihre Briefe unterschreibt sie in dieser Zeit mit *Carrier Pigeon*, Brieftaube. Auch die Musik und die Pferde haben es ihr angetan. Ihre Mutter aber sieht sie lieber in der Mathematik. Sie macht Ada jedoch auch bekannt mit den neuesten Entwicklungen in Wissenschaft, Technik und Industrie. Einmal unternehmen die beiden eine Reise durch Nordwestengland, um sich Fabriken und Spinnereien anzuschauen. Am 5. Juni 1833 – Ada ist 17 – lernt sie bei einer Gesellschaft Charles Babbage kennen, einen der berühmtesten Engländer des 19. Jahrhunderts. Babbage arbeitet an Rechenmaschinen, der *Difference Engine* und später der *Analytical Engine,* in der man einen Vorläufer des modernen Computers sehen kann. Babbage, ein 42 jähriger Witwer, erkennt schnell das Genie der jungen Dame. Er lädt das Mädchen mit ihrer Mutter zu seinen berühmten Samstagabenden ein, an denen sich die größten Geister der Zeit zu treffen pflegen und an denen Babbage seine neuesten Entwicklungen vorstellt. Hier zeigt er unter anderem auch Automaten wie die «Silver Lady», eine mechanische Puppe. Spätestens jetzt entflammt Adas Begeisterung für die Mathematik und die Wissenschaften. Mit ihren Tutoren korrespondiert sie über logische Probleme wie über die Kreisförmigkeit des Regenbogens. «Lassen Sie sich von den Kreisen nicht verrückt machen», schreibt ihr einmal Mary Somerville. Briefe unterzeichnet Ada nun gern mit «Ever yours mathematically».

1835 heiratet Ada William, Lord King, der drei Jahre später Earl of Lovelace wird und damit Ada zur Gräfin Lovelace macht. Mit 24 Jahren hat Ada drei Kinder. Die Kinder und die Pflichten, die die Verwaltung von drei großen Häusern mit sich bringen, sind eine große Belastung für die kränkelnde Frau. Mit großer Beharrlichkeit entwickelt sie dennoch ihr Verständnis für fortgeschrittene Mathematik, korrespondiert mit dem größten Logiker Englands, Augustus de Morgan, und anderen Mathematikern und Wissenschaftlern. Eine wichtige Stütze für ihre wissenschaftliche Begabung ist Mary Somerville, die zu den naturwissenschaftlich gebildetsten Frauen der Zeit gehört. Somerville hat sich die Mathematik selbst beigebracht, nachdem sie durch mathematische Rätsel in einer Nähzeitschrift auf diese Denkkunst aufmerksam geworden ist. Newtons

Werke liest sie auf Latein und übersetzt den Astronomen Laplace aus dem Französischen.

Für Ada wird die Mathematik oft zu einer Zuflucht vor den familiären Problemen, die immer wieder aufwirbeln, vor allem die nie ruhenden Skandalgeschichten um ihren Vater und die unermüdlich sich einmischende Mutter. Auch die Musik hat diese Funktion für sie, und so denkt sie gern über die Beziehungen zwischen Ton und Zahl nach.

Babbage stößt in England immer wieder auf Schwierigkeiten, seine Rechenmaschinen zu realisieren. Anders in Italien. 1842 wird er nach Turin eingeladen, wo er seine Erfindung präsentieren kann. Ein italienischer Militäringenieur namens L. F. Menabrea schreibt daraufhin auf französisch einen Artikel über technische Aspekte von Babbages Analytischer Maschine. Einige Zeit darauf erhält Babbage die englische Übersetzung, angefertigt von Ada. Er fragt die junge Adelige, warum sie statt einer Übersetzung nicht lieber selbst einen Artikel geschrieben habe, da sie doch so vertraut mit der Materie sei. Ada, die sich immer als dienenden Geist begreift, sagt, das sei ihr nicht eingefallen. Babbage schlägt daraufhin vor, sie solle doch wenigstens Anmerkungen zu Menabreas Artikel verfassen. So beginnt eine höchst intensive Zusammenarbeit zwischen dem Pionier des Computers und seiner «Enchantress of Numbers», wie er sie nennt, die Zahlenzauberin. Sie zaubert nicht nur, sie ist auch konstruktiv-kritisch, findet einen Rechenfehler oder kommentiert Babbages Art, Texte herauszugeben. Vor allem aber stellt sie ihm fortlaufend Fragen zu den mathematischen Problemen und Möglichkeiten der Analytischen Maschine. Ihr großer Beitrag besteht darin, den Unterschied zwischen der älteren Differenz-Maschine und der Analytischen Maschine herauszuarbeiten. Erst die letztere ist nämlich so etwas wie ein Vorläufer des Computers, weil sie nicht nur Daten, sondern auch Programme speichern kann, das heißt Informationen und Befehle. Sie kann nicht nur Zahlen, sondern auch selbst neue Programme generieren. Hier werden auch erstmals Lochkarten als Informationsträger eingesetzt. Babbage hat sie dem mechanischen Webstuhl von Jacquard abgeschaut, der damit Arbeitsschritte speicherte. Ada schreibt in ihrem Kommentar den seither oft zitierten Satz: «Wir können nun recht sagen, daß die Analytische Maschine auf dieselbe Art *algebraische Muster webt*, wie der Jacquard-Webstuhl Blumen und Blätter webt.» Erst ab

Mitte 1960 konnten moderne Computer so viele Stellen hinter dem Komma speichern wie die Analytische Maschine.

Mehr noch als Babbage scheint Ada die künftigen Dimensionen einer computerisierten Welt vorauszuahnen. Zunächst einmal entdeckt sie weitere Anwendungsgebiete. Sie setzt Spiele wie Solitaire in eine mathematische Sprache um und macht so erste Schritte zum Programmieren von Aufgaben. Spiel und Musik werden dem Rechner angenähert, eine Annäherung mit Folgen bis heute. Bei alldem geht es ihr nicht um Anwendungen, die einen nur praktischen oder gar kommerziellen Nutzen hätten. Ihre Arbeit hat vielmehr einen spirituell-psychologischen Hintergrund. Sie glaubt, dem Geheimnis der Schöpfung, der eigenen wie der göttlichen Kreativität, auf der Spur zu sein. In zehn Jahren, schreibt sie 1843, werde sie den Geheimnissen des Universums einiges an Lebensblut ausgesaugt haben. Die Welt ist Zahl, haben die Pythagoräer gesagt. Mathematik, sagt Ada, ist die einzige Sprache, die adäquat die Natur ausdrücken kann. Sie ist die Optik, durch die der Mensch die Werke des Schöpfers lesen kann. Adas doppelte Erbschaft von Poesie (Vater) und Mathematik (Mutter) trägt jetzt Früchte. Sie stellt sich eine Verbindung von Imagination und Wissenschaft vor, eine poetische Philosophie oder philosophische Poesie. Das ist eine Sehnsucht, die von der Romantik eines Novalis oder Coleridge her bekannt ist. Bei Ada jedoch deuten sich Verwirklichungen an, mit denen wir heute leben und von denen die Romantiker nicht geträumt haben. Es ist wohl kein Zufall, daß der wichtigste Spielplatz für Fantasy heute unser Monitor ist.

Ihre Krankheiten werfen sie aber zunehmend auf sich selbst zurück. Noch aus diesem Rückzug zieht sie Gewinn: sie beginnt ihr Nervenkleid zu studieren, ihr Gehirn, dieses «große Laboratorium». Sie läßt sich aus Deutschland die neueste neurologische Forschung besorgen, die damals führend war. Ebenso wie ihre Zeitgenossen ist sie von einer psychosomatischen Erscheinung fasziniert, dem Mesmerismus. In dieser magnetischen Technik sah man damals zahlreiche Heilungsmöglichkeiten. Die Wissenschaftsautorin Harriet Martineau schrieb 1844 ihre *Briefe über den Mesmerismus*, in denen sie behauptete, durch den Mesmerismus von ihrem Krebstumor geheilt worden zu sein. Außerdem schien das Magnetisieren ein guter Ersatz zu sein für das Opium, das in dieser Zeit gegen alle möglichen Schmerzen eingesetzt wurde. Viele Patienten, darunter

Coleridge und de Quincey, wurden süchtig, wenn auch mitbedingt durch ihre Disposition. Ada wird ebenso immer wieder das als Laudanum in Alkohol gelöste Rauschgift verschrieben. Wahrscheinlich führt dies bei ihr zu einer Sucht, sicherlich aber zu Höhenflügen, depressiven Abstürzen und einer vertieften Innenschau. Vielleicht mischt sich Verfolgungswahn in ihre Selbstbeobachtungen, wenn sie glaubt, ihre Nervenprobleme seien durch mesmeristische Experimente im Jahre 1841 verursacht worden. In ihren Briefen erreicht sie nun visionäre Kammhöhen. Unter dem Einfluß von Laudanum beginnt sie um die Erde zu kreisen, wie sie im Oktober 1844 schreibt. Für den Posten der Planeten hat sie verschiedene Freunde zur Hand und auch die Mutter ist eingeladen, eine Himmelsrolle einzunehmen. Für sich hat sie die Rolle des Hauptkometen vorgesehen: ein Brief, der das schöne Kometenbuch von Giorgio Manganelli vorwegnimmt.

Während sie einen Briefwechsel mit dem großen Physiker Michael Faraday beginnt, wird sie zunehmend von Krankheiten heimgesucht, deren psychosomatisches Wesen heute schwer auszumachen, aber wahrscheinlich ist. Ihren Körper will sie als wanderndes Experimentallabor verstehen, ein «Molecular Laboratory». Sie sieht sich als Braut, ja als Prophetin der Wissenschaften, als göttlich ausersehenes Instrument zur Verkündigung großer Wahrheiten. Religion wird zur Wissenschaft, und Wissenschaft ist Religion. Ihre größte Liebe gilt jetzt nicht mehr den Menschen, sondern dem «Großen Allwissenden Integral». Ein Newton für das molekulare Universum sei nun gefordert, schreibt sie. Diesem Newton – also vielleicht ihr selbst eines Tages – müßte es gelingen, die Phänomene des Gehirns in mathematische Gleichungen umzusetzen. Die Neurologie müßte sozusagen auf mathematische Füße gestellt werden. Da sie befreundet ist mit Charles Wheatstone, dem englischen Erfinder der Telegraphie, begeistert sie sich auch bald für die Möglichkeiten der weltumspannenden Kommunikation. Es fehlt nur noch ein Schritt: die Verbindung von Rechner und Telegraphie, und das viktorianische Internet wäre geboren worden.

1851 findet im Londoner Crystal Palace die erste große Weltausstellung statt. Ada, schon sehr geschwächt von ihrer Krankheit, kommt mit ihrem Mann zur Eröffnung durch Königin Victoria. Auch hier läßt sie sich durch den neuen Geist der Technik, Wissenschaften und Architektur anregen. Sie pflegt in dieser Zeit den Kontakt zu großen Autoren ihrer Zeit, etwa Dickens, der einmal glaubt, sie spuke in seinem Haus, und der der letzte, nicht zur Familie gehörige Besucher an ihrem Sterbebett sein wird. Auch mit Lord Bulwer-Lytton, dem Autor von spektakulären Bestsellern wie *Zanoni* oder *Die letzten Tage von Pompeji*, ist sie befreundet. Ihre Enkelin sollte übrigens eines Tages den Enkel von Bulwer-Lytton heiraten.

Vor allem aber wendet sie sich gegen die wachsende Spezialisierung in den Wissenschaften und fordert den Blick auf das Ganze, die Verbindungen und Zusammenhänge. Die sogenannten zwei Kulturen der Natur- und Geisteswissenschaften entstehen in der viktorianischen Zeit, doch mit dieser Spaltung entsteht auch die Kritik an ihr. Sie kommt sicherlich nicht nur von Ada Lovelace, sondern auch von Kritikern wie Ruskin, Arnold und Dickens. Aber Ada redet in einer Sprache, die uns heute viel näher ist, da sie einer der ersten Menschen ist, die die Dimensionen einer errechenbaren Welt erahnt. Allerdings ist sie nicht im Sinne der Romantiker ein Feind von Quantifizierung. Vielmehr sieht sie gerade in der Zahl, in der Mathematik das einende Grundmodell für alle geistigen und natürlichen Welten. Ihre Stimme wurde, da es die Stimme einer Frau war, nicht sehr beachtet. Als Frau konnte sie nicht in die Royal Society, die wichtigste wissenschaftliche Institution, aufgenommen werden. So wurden die Verdienste von Mrs. Somerville zwar durch eine Büste geehrt, die man im Gebäude der Gesellschaft aufstellte, doch durfte die Abgebildete selbst nicht in die Bibliothek der Wissenschaftler treten. Betty A. Toole, die Herausgeberin von Adas Briefwechsel war deshalb stolz, daß mit diesem Buch Ada endlich, 140 Jahre später, die Bibliothek betreten durfte.

Adas Ruf litt nicht nur durch ihre gelegentlichen Überspanntheiten, sondern auch durch weitere Gerüchte und angebliche Skandale. Sie hatte ein Verhältnis mit dem Sohn eines Pioniers der Elektrizität. Dieser Pionier, Andrew Crosse, war möglicherweise das Modell für Mary Shelleys Frankenstein. Sein Sohn John war ein Spieler, der Ada zu waghalsigen Wetten veranlaßte und eine Spielsucht bei ihr auslöste. Man vermutet, daß sie ihr mathematisches Genie für hundertprozentige ‹Systeme› eingesetzt hat. Sie verschuldete sich ernsthaft, und sie kompromittierte ihre Stellung als Adlige durch den Umgang mit den niederen Ständen, die sich dem Spiel hingaben. All dies mußte vor ihrem Mann geheimgehalten werden. Ihr Geliebter war zudem verheiratet, ohne daß Ada etwas davon wußte, und er hatte sie durch Briefe in der Hand. Nun erkrankte sie an Gebärmutterkrebs, während sich ihre Schulden unerbittlich anhäuften. Die Mutter spielt in dieser Zeit auch eine erbärmliche Rolle in der Art, wie sie ihrer Tochter zugleich hilft und sie demütigt und zu einer Änderung des Testaments zwingt. Nach Wochen furchtbarer Schmerzen – Lady Byron versuchte, ihr das Opium zu entziehen –, liegt sie im Sterben und sagt sich von der Mutter los. Für Babbage war Adas Tod im November 1852 in vieler Hinsicht schlimm: schlimm das Ende, schlimm die Lücke, die der Tod in seinem Leben hinterließ, schlimm die Streitigkeiten mit Lady Byron.

Heute streiten sich Gelehrte über Adas wirklichen Beitrag zur Analytischen Maschine und zu den Anfängen des Computerwesens. Von solchen Zweifeln war das amerikanische Verteidigungsministerium frei, als es beschloß, eine Computersprache Ada zu nennen. Seither hört die amerikanische Kriegsmaschine auf den Namen Ada. Es ist merkwürdig, daß sie sich in einem Brief von 1851 als Generalin sieht. Ihre Regimenter bestehen aus riesigen Zahlenkolonnen und marschieren endlos zum Klang der Musik. Aber was, fragt sie am Ende, sind eigentlich Zahlen?

Die Tochter Byrons lebt fort in einem Roman von William Gibson und Bruce Sterling. In *The Difference Engine* (1990) stellen sich die Autoren vor, Babbage habe seinen Computer bauen können. Das viktorianische Empire würde also mit Hilfe von Rechnern beherrscht werden. Ada taucht in diesem Roman als Tochter des Premierministers auf, zu dem Lord Byron hier geworden ist. Das Buch berichtet außerdem von einer Daguerrotypie aus dem Jahre 1855, auf der zu sehen ist, wie sie die Statue von Isaac Newton mit einem Lorbeerkranz behängt.

Von der Physik zum Pantheismus

Gustav Theodor Fechner

Wenn wir der Wissenschaft glauben können, sind Exzentriker weniger krank als die, die sich nicht für exzentrisch halten. Exzentrik ist demnach wohl keine Krankheit. Andererseits kann Krankheit exzentrisch machen, sie kann einen hinauswerfen aus dem angestammten Lebenskreis, in dessen Mitte man zu sein glaubte. Sie kann Weltbilder in tausend Scherben schlagen und diese dann wieder neu zusammensetzen helfen. Sie kann eine Konversion einleiten, eine Wendung vom Saulus zum Paulus. Swedenborg erfuhr solch einen Umsturz nicht als Krankheit, wohl aber als große Krise. Er hat ein Pendant in dem Leipziger Gelehrten Gustav Theodor Fechner, der in gewissem Sinne die Krise des Materialismus im 19. Jahrhundert am eigenen Leib erleben mußte und sie auf fast wunderbare Weise für sich überwand.

1801 wurde er in Groß-Särchen in der Niederlausitz, im heutigen polnischen Zarki Wilkie, geboren, 1887 starb er in Leipzig. Er wuchs in einem Pfarrhaus auf und gehörte zu jenen zahlreichen Talenten, die aus protestantischen Pfarrersfamilien entsprungen sind – man denke an Lessing, Nietzsche oder die Geschwister Brontë. Der Vater war aufgeklärt und ließ als erster einen Blitzableiter auf der Kirche anbringen, außerdem predigte er erschreckenderweise ohne Perücke und ließ gar seine Kinder impfen. Gustav Theodor studierte zunächst Medizin, mußte aber bald feststellen, daß diese ihm nicht lag. Zumindest weckte die ungeliebte Wissenschaft seine satirischen Fähigkeiten, und so schrieb er sich mit zwanzig seine Frustration vom Leib mit einer kleinen Schrift, die sich über den Jod-Kult der damaligen Medizin lustig macht: «Beweis, daß der Mond aus Jodine besteht.» Seine eigentliche Begabung fand er in der Physik und Naturphilosophie. Er schrieb sich also in der Physik ein, aber sein Leben deckte sich nie ganz mit der Wissenschaft. So gelangte er in den Dunstkreis des, wie Fechner ihn nannte, «verdorbenen Genies» Martin Gottlieb Schulze, eines Bohemiens und Dichters, der es nie zu etwas brachte, dafür aber eine schwärmerisch-dämonische Existenz auslebte und auf seinen Bekanntenkreis einen großen Einfluß hatte. Mit ihm verachtete man die trockenen Wissenschaften und sah das Heil in der Kunst und Dichtung. Die destabilisierende Wirkung Schulzes soll Fechners Mutter dazu veranlaßt haben, zu ihrem Sohn nach Leipzig zu ziehen. Schulze und Fechner blieben noch zwanzig Jahre in Kontakt, bis Schulze im Irrenhaus starb.

Fechner war durch seinen Freundeskreis also romantisch geprägt und etablierte sich zugleich in den positiven Wissenschaften, insbesondere der Physik. Sein Arbeitspensum war enorm, vielleicht litt er unter Arbeitszwang. Dazu kam die Notwendigkeit, Geld zu verdienen. Während er erste Vorlesungen hielt, schrieb er Bücher über Logik und Physiologie. Dazu übersetzte und bearbeitete er umfangreiche französische Fachbücher aus der Chemie und Physik. Sechzehn Jahre lang, bis 1838, schrieb Fechner jährlich etwa 1500 bis 2000 Druckseiten. Das sind mindestens fünf Seiten am Tag ohne Unterbrechung durch Feiertage und Ferien, und dies in einem Zeitalter, das noch nicht einmal Schreibmaschinen kannte. Weiterhin begründete er das «Pharmaceutische Central-Blatt», das es heute noch gibt. 1835 richtete er außerdem das erste physikalische Institut an einer deutschen Universität ein. Er schrieb über Kampfer, Weinschwefelsäure, den Galvanismus und die elektrischen Eigenschaften des Holzes, über Magnetismus, den Schwefeläther oder die «Fortpflanzungsgeschwindigkeit des Lichts», über Seifenbildung, elektrische Ströme und das Brom, die Zusammensetzung des Zuckers, über Schutzmittel gegen die Cholera und über die Atomlehre sowie ein Lehrbuch über den Elektromagnetismus. Immer noch nicht genug: Von 1832 bis 1834 arbeitete er mit an Brockhaus' *Conversationslexikon der neuesten Zeit und Literatur*. Dabei ging es nicht um den einen oder anderen Artikel, sondern er schrieb etwa ein Drittel des gesamten Lexikons selbst. So durfte der nicht besonders praktisch ausgewiesene Professor über die Tranchierkunst und die Anordnung von Speisetafeln referieren.

Besonders wichtig aber ist, daß er sich eine literarische Ader erhielt. Er schrieb Satiren und spekulative Skizzen, die sich zwischen Wissenschaft, Religion und Scherz bewegen. Ich erwähne diese vielseitigen Tätigkeiten Fechners, weil sich hier zum einen eine unglaubliche Arbeitsleistung zeigt, die fast zwanghafte Züge trägt.

Zum anderen deutet sich eine Diskrepanz an zwischen Wissenschaft und Phantasie. Seine literarischen Arbeiten, die er unter dem Namen Dr. Mises veröffentlicht, setzen sich sozusagen mit der anderen, der wissenschaftlichen Hälfte seiner Person auseinander und werten die Wissenschaft in ihrer Bedeutung für das Leben. Wissenschaftliche Ideen über Zeit und Raum können wiederum gewinnbringend für phantastische Spekulationen eingesetzt werden. Imagination und Rationalität stehen hier also in einer sowohl fruchtbaren als auch spöttisch betrachteten Beziehung.

Dr. Mises schreibt zum Beispiel über die Zukunft des Menschen, die er in der Entwicklung des Engelhaften im Menschen sieht, das heißt in seiner Vervollkommnung. Wie aber sieht Vollkommenheit aus? In seiner Schrift über die «Vergleichende Anatomie der Engel» stellt er fest, daß sie rund ist; eine Kugel ist ihre geometrische Gestalt. Mit anderen Worten: Der Mensch wird sich zu einer Kugel entwickeln müssen. Wo aber ist die Vollkommenheit angesiedelt, wenn nicht im Kopf und in den Augen? Es ist also dieser Bereich, der sich weiter zu einer perfekten Kugel entwickeln wird. Oder er meditiert über den Schatten und dessen Lebendigkeit. Er macht sich über Hegel lustig, indem er mit hegelschen Mitteln nachweist, daß die Welt durch ein zerstörerisches Prinzip erschaffen wurde.

Es ist ja nicht alles ernst gemeint, doch durch sein munteres und oft witziges Spekulieren entdeckt er auch Körner, in denen viel Zukunft verborgen ist. So in dem Aufsatz «Der Raum hat vier Dimensionen». Über die vierte Dimension als einem übernatürlichen Raum wurde schon seit dem 17. Jahrhundert nachgedacht, aber Fechner könnte der erste gewesen sein, der diese vierte Dimension als Zeit definiert. Insofern darf man die Zeitmaschine, die H. G. Wells fünfzig Jahre später durch die Jahrtausende schicken wird, auf eine Idee des Leipziger Forschers zurückführen. Mit der vierten Dimension kam er später noch einmal in Berührung, als das amerikanische Medium Henry Slade Leipzig besuchte und im Hause des Kollegen Zöllner Vorführungen veranstaltete, bei denen er angeblich die vierte Dimension durchquerte. Er knotete ein Seil so, wie man es nur kann, wenn man die Dimension wechselt. Außerdem zeigte er andere Fähigkeiten wie Telepathie und Telekinese. Zöllner wie auch Conan Doyle verteidigten diesen Zauberer in gewichtigen Schriften, Fechner war als Zeuge zwar anwesend, hielt sich aber in seinem Urteil eher zurück. Das war auch besser so, denn Slade war in England schon als Trickbetrüger entlarvt worden und befand sich auf der Flucht vor Strafverfolgung. Fechner blieb generell vorsichtig gegenüber Behauptungen übernatürlicher Art. Es blieb ihm bei all seiner späteren Mystik immer genug wissenschaftliche Distanz zu den Phänomenen, wenn er sich in der Rolle des Wissenschaftlers befand.

Fechner hatte aber eine spekulative Lust von der Art, die es auch Einstein ermöglichen sollte, sich ein gänzlich neues Weltbild vorzustellen, in dem sich Zeit und Raum zusammenschließen. Seine literarische Ader zeigte sich weiterhin in Artikeln über Rückert und Heine. Begegnungen mit Bettina von Arnim und Adelbert von Chamisso oder auch ein Brief an den bewunderten Jean Paul zeigen, wie viel ihm Literatur bedeutete.

Im selben Jahr, in dem er zum Professor berufen wurde, 1833, heiratete er Clara Volkmann. Die Ehe blieb kinderlos, aber die beiden adoptierten einen Pflegesohn. Unermüdlich arbeitete Fechner weiter, doch im Jahre 1839 wirft ihn eine schwere Krankheit nieder. Sie entspringt der Wissenschaft. Er hatte sich in dieser Zeit intensiv mit Experimenten beschäftigt, in denen er die Störungen des Farbsehens durch starke Sonnenblendung untersuchen wollte. Dazu mußte mit Hilfe eines engen Diopterloches genau gemessen werden. Die Überanstrengung führt zunächst zu einer Sehschwäche und Lichtscheu, weitet sich aber bald aus. Er kann nur noch durch blaue Brillengläser sehen, die später durch Sonnenblenden ersetzt werden müssen. Aber es ist nicht nur ein Versagen der visuellen Kräfte; es schlägt sich vielmehr auch auf seine Psyche und Intelligenz nieder. Er kann nicht mehr lesen und schreiben und verliert die Kontrolle über seine Gedanken und Assoziationen. Er hat das Gefühl, gespalten zu sein zwischen Assoziationen und dem Ich und empfindet dies als einen Kampf zwischen Roß und Reiter oder einem Prinzen und seinem rebellischen Volk. Die Ärzte wissen sich bald keinen Rat mehr. Eine Behandlung mit brennenden Kegeln, die das Übel aus ihm herausbringen sollen, macht alles nur noch schlimmer. Nun versagen auch Appetit und Verdauung. Er scheint ein hoffnungsloser Fall geworden zu sein, der zudem dabei ist zu verhungern. Auch die Universität gibt ihn auf und überläßt dem Physiker Weber seine Stelle, aber man zahlt ihm immerhin sein Gehalt weiter. Die ganze Stadt, in der der große Gelehrte geehrt und geliebt wird, nimmt Anteil an seinem Schicksal. Aus dieser Teilnahme kommt Hilfe, der erste Schritt zur

Heilung. Eine entfernt bekannte Leipzigerin hat einen Traum, in dem ihr ein Rezept mitgeteilt wird, das ihm helfen könnte. Sie träumt von rohem Schinken, in Wein eingelegt, gewürzt und mit Zitronensaft übergossen. Der Schinken wird Fechner überbracht und, oh Wunder, er kann ihn goutieren. Von nun an erhält er regelmäßig die so zubereitete Speise, und sie hilft ihm, wieder Grund in seinem Körper zu fassen. Doch die Seele ist damit noch nicht gerettet. Kopfschmerzen, extreme Langeweile, gedankliche Zerfaserung gehen weiter, ja nehmen noch zu. Er sitzt nun in einem schwarzen Zimmer, man liest ihm vor durch eine trichterförmige Öffnung in der Tür. Bald kann er nicht mehr zuhören, zupft am Stoff, dreht Schnürchen, schneidet Späne, Möhren und Bücher, wickelt Garn oder stößt Zucker für den Haushalt. Seine Augen sind verbunden, doch auch das reicht nicht mehr, er erhält eine Gesichtsmaske aus Metall. Er kann nicht einmal mehr mit seiner Frau reden: «So saßen wir bei Tische, wo ich mit der Maske Platz nahm, oft fast stumm zusammen.» Er geht draußen mit der Maske spazieren und singt darunter Lieder von Eichendorff. Die Augen sind es schließlich, die ihn aus dieser Misere wieder befreien werden, als sei seine «Vergleichende Anatomie der Engel» von 1825, in der er die Rolle des Auges so betont hatte, eine Prophezeiung gewesen. Es beginnt mit den Versuchen, unter der Maske zu blinzeln, schließlich die Augen zu öffnen und die Gegenstände gleichsam mit den Augen zu verschlingen. Er trinkt literweise Milch, wie ein Neugeborener, schreibt Gerd Mattenklott. Wie ein Neugeborener entdeckt er jetzt auch die Welt wieder: sie ist ein Wunder.

Dieses Wunder hat mit Lust zu tun. Sein erstes größeres Werk nach der Heilung ist eine Schrift über das höchste Gut: eben die Lust. Alle menschlichen Regungen bis hin zur Schöpfung selbst verdanken sich dem Lustprinzip. Die Wissenschaft hat er nicht aufgegeben, aber sie wird nun Teil eines umfassenderen, philosophischen Weltbildes. Es werden noch Veröffentlichungen zur Psychometrie, über das Verhältnis von weiblicher und männlicher Schrittgröße oder zur Atomistik folgen. Als einer der ersten empirischen, das heißt messenden Psychologen wird er sich weltweit einen Namen machen und etwa großen Einfluß auf den Pragmatismus des Amerikaners William James haben.

Aber seine eigentlichen Hauptwerke tragen nun seltsame Namen: *Nanna* oder *Zend-Avesta*. In *Nanna*, benannt nach der nordischen

Blumengöttin, erforscht er das Seelenleben der Pflanzen. In *Zend-Avesta* erscheint der Kosmos als ein Bewußtsein, das aus mannigfachen Stufen besteht, der Tod als Übergang in einen jenseitigen Leib. Man hat in ihm einen grünen Denker gesehen (in den achtziger Jahren), weil er die Vernetzung der Natur und der Menschen erkannt hat und die Erde einen lebendigen Organismus nannte. Man sah in ihm ebenso einen Vordenker der Computerwelt (in den neunziger Jahren). In einer frühen Schrift über das Leben nach dem Tod, als er noch materialistisch dachte, stellte er sich vor, daß das erworbene Geistige im Jenseits weiterlebe. So stellen sich heute amerikanische Computerpioniere wie Hans Moravec oder Marvin Minsky vor, man könne die Programme, die ein Lebender erzeugt habe, nach seinem Tod auf eine neue Hardware übertragen.

Fechner spielte gerne mit Gedanken, und in einem leichtfüßigen Artikel stellte er sich einmal vor, wie es wäre, wenn die Zeit rückwärts liefe: ein Gedanke, der erst im Film realisiert werden sollte. Folgen wir dieser Phantasie, dann stünde am Schluß dieses kleinen Porträts nicht der Tod, sondern die Geburt von Gustav Theodor Fechner. Fechner, so müssen wir nun schreiben, starb zunächst im Jahre 1887, dann wurde er im Jahre 1801 geboren. Aber das wäre noch nicht richtig, denn aus dem Tod müßte nun ja eine Geburt zurück ins Leben werden, aus der Geburt eine Art Tod in das Dasein vor der Geburt und Zeugung. Also müßten wir sagen, Fechner wurde 1887 in Leipzig geboren und starb im Jahre 1801 in der Niederlausitz.

Im Banne der Statistik

Francis Galton

Wenn die Wissenschaft sich dem Alltag zuwendet, werden die geheimen Züge ihrer Zwanghaftigkeit sichtbar. Denn die Wissenschaft ist aus der Abwendung vom Alltäglichen entstanden, aus dem Geist einer grundsätzlichen Verfremdung unserer vertrauten Welt und ihrer Wahrnehmung. Wissenschaft ist mit anderen Worten abnorm. Nirgendwo zeigt sich dies deutlicher als in den Biographien jener Wissenschaftler, die ihre gesamte Umgebung einschließlich ihrer selbst einer rücksichtslosen Untersuchung und Beobachtung aussetzen. Auf vorbildliche wie angsterregende Weise ist dies dem Vetter von Charles Darwin, Sir Francis Galton, gelungen. Aufgrund des gemeinsamen Geburtsjahres, 1822, fühlte er sich Gregor Mendel, dem Entdecker der Erbgesetze, verwandt. Galton lebte bis 1911. Heute ist sein Name vor allem mit der Kriminalistik und der Eugenik verknüpft. Er war nicht nur ein Forscher auf dem Gebiet der Vererbung, sondern sah sich auch als Gestalter der Zukunft, für die er nur einen bestimmten Menschentyp im Auge hatte. Ein bemerkenswerter Zufall wollte es, daß dieser Typus ziemlich genau ihm selbst und seinen Ahnen – Gelehrten und Kaufleuten – entsprach. Die Eugenik als Zucht von Menschen – Förderung der Fortpflanzung Erbgesunder, Eindämmung der Fortpflanzung Erbkranker – gewann nach seinem Tod an Bedeutung. H. G. Wells und G. B. Shaw sprachen sich für sie aus. Wells allerdings wollte die Kriminellen nicht ausschließen, da diese doch überdurchschnittlich intelligent und engagiert seien. G. K. Chesterton schrieb ein Buch gegen die neuen Menschen-Planer, *Eugenics and Other Evils*. Francis Galton konnte allerdings nicht voraussehen, in welcher Weise die Nationalsozialisten seine Ideen umsetzen würden. Hätte er den kurzen Denkweg zwischen Eugenik und Euthanasie nicht dennoch erkennen müssen? In einem unveröffentlichten Roman stellte er sich jedenfalls eine perfekte und zufriedene Gesellschaft vor, in der die Untauglichen in Arbeitslager geschickt werden. Seine

Nichte empfahl ihm, dieses Werk zu vernichten, was dann auch zum Teil geschah.

In mehreren Werken hat Galton sich mit der Vererbung von Eigenschaften beschäftigt. 1874 untersuchte er englische Gelehrte und ihre Ahnenreihen, indem er 180 Wissenschaftlern, nur Männern, einen langen Fragebogen schickte. Er stellt fest, daß die meisten in Städten weit vom Meer aufwachsen, widmet sich der Haarfarbe und Figur der Eltern sowie dem Zeitpunkt der Entstehung des künftigen Wissenschaftlers. Im allgemeinen haben Gelehrte einen etwas kleineren Kopf als der durchschnittliche Gentleman, erfreuen sich einer starken Gesundheit und einer großen Unabhängigkeit. Im Gegensatz zu deutschen Gelehrten scheinen die britischen auch in praktischen Dingen geschickt und neugierig zu sein. Andererseits sollten sich die Briten seiner Meinung nach ein Vorbild an den erfolgreichen Deutschen nehmen, die ihre Energien nicht mit amüsanten Ablenkungen verschwendeten, sondern ein einfaches Leben führten. Daher seien sie glücklicher als die Briten. Er selbst reiste nach einem Nervenzusammenbruch nach Rom, wo es ihm sogleich besser ging, und zwar weil es dort keine Reklame auf den Mauern gab. Da Galton viel vom Reisen hielt, insofern es die Wahrnehmung auffrische, empfahl er der Regierung, Fünfjahres-Reisestipendien für junge Gelehrte einzurichten.

In seinem Buch *Hereditary Genius* untersuchte er weitere Vererbungslinien. Seine Objekte waren die Richter von England zwischen 1660 und 1865, Politiker, Peers, Kommandeure, Literaten, Musiker, Maler, Pfarrer, Ruderer sowie die Ringkämpferdynastien des englischen Nordens. Die Einbeziehung von Neffen, Urenkeln und Urgroßeltern erwies sich jedoch, wie er später zugab, als wertlos.

In seiner Einstellung zum Leben verselbständigten sich vor allem die wissenschaftlichen Methoden des Messens und Zählens. Im South Kensington Science Museum in London richtete er ein anthropometrisches Labor ein, in dem sich Besucher für drei Pence eine Beurteilung ihrer körperlichen Maße und Leistungen beschaffen konnten. Er war insofern Inbegriff seines Zeitalters, als er alle Eigenschaften in Zahlenwerte umzusetzen suchte. Qualität konnte nur bewiesen werden, wenn sie quantitativ erfaßt war. Erinnert sei an seine Untersuchungen über «das Gewicht britischer Adliger der letzten drei Generationen» oder über die Grade der Ehrlichkeit verschiedener Nationen. Am ehrlichsten erwiesen sich die Briten, während der «Schwerpunkt des Lügens» in Saloniki lag. Weiterhin maß er den Grad der Langeweile, die bei öffentlichen Reden und Vorträgen entsteht, indem er die Anzahl unruhiger Bewegungen im Publikum registrierte. Allerdings, fügte er hinzu, sollte man nur die Bewegungen bei Leuten mittleren Alters beobachten; Kinder zappeln dauernd, und ältere Gelehrte sitzen oft minutenlang völlig steif da. Die Neigung von Menschen zueinander bei Tisch errechnete er mittels Druckmessern unter den Stuhlbeinen.

Seinen Ruhm wie seine Feinde mehrte er durch seine «Statistische Prüfung der Wirksamkeit von Gebeten». Der Aufsatz kam zu dem Ergebnis, daß Gebete keine Wirkungen haben. Individuen und Gruppen, die in Gebete eingeschlossen werden wie Adlige, Pfarrer oder Monarchen, haben sogar eine etwas geringere Lebenserwartung als andere gutgestellte Personen, für die nicht gebetet wird. Missionarsschiffe, auf denen ständig gebetet wird, sind statistisch gesehen genauso in Gefahr, überfallen zu werden oder zu sinken, wie Sklavenschiffe. Und warum, so schloß er, setzen sich die Pfarrer Blitzableiter auf die Kirchen, wenn sie sich doch viel besser durch Gebete schützen können? Der Artikel löste einen großen Streit in der Öffentlichkeit aus, in den sich berühmte Viktorianer einschalteten. Er selbst wandte sich in seinen späten Jahren wieder dem Gebet zu, das er als große Hilfe im Alltag ansah. Bevor er einen neuen Artikel begann, pflegte er ein Gebet zu sprechen. Vielleicht entsprach diese Handlung auch seiner Vorstellung von einer wissenschaftlichen Priesterschaft, die er etabliert sehen wollte.

Auf der Suche nach Zahlen für Eigenschaften konnte ihm nicht jene Eigenschaft entgehen, die sich im Grunde nicht beschreiben läßt: Schönheit. Schönheit mußte auf Maße zurückzuführen sein, und so baute er sich ein kleines Taschengerät, in dem er unauffällig beim Spaziergang Markierungen anbringen konnte. Er wollte wissen, wo die schönsten Frauen Britanniens wohnten, und vergab seine Noten mittels Druck in der Hosentasche. Das Ergebnis war, daß sich die schönsten Frauen in London aufhielten, die unansehnlichsten dagegen im schottischen Aberdeen. Die schönsten Männer dagegen lebten im – ebenfalls schottischen – Ballater. In Afrika beeindruckte ihn die Schönheit der Frauen, doch ein Messen ihrer Körpermaße aus der Nähe erwies sich nicht als opportun. So entwickelte er Methoden, Busen und Hüften mit Hilfe eines Sextanten aus der Ferne zu messen.

Immer versuchte er sich an neuen Techniken. Auf der Suche nach Idealtypen, die etwa für eine Familie oder eine Menschengruppe wie die Kriminellen stehen könnten, ersann er die Komposit- oder Mischfotografie. Er kopierte die Fotos von verschiedenen Familienmitgliedern übereinander und stellte sozusagen das Urfoto her, das typische Familiengesicht. Bei seinen Arbeiten stieß er jedoch auf Widerstand, denn viele Menschen wollten nicht mit ihren Brüdern oder Schwestern vermischt werden. Das aus diesen Mischungen hervorgegangene Gesicht ist übrigens ziemlich durchschnittlich und eher traurig. Auch die Geschichtsforschung bereicherte er mit dieser Methode. Denn wie sahen Alexander der Große, die römischen Kaiser und englischen Könige eigentlich aus? Oder Napoleon und Kleopatra? In diesem Fall mischte er die Fotos von Münzen, Porträts und Abdrucken und kam so auf das Durchschnittsbild der Prominenten. Die Patienten einer Heilanstalt unterwarf er ebenfalls diesem Ritual, doch wehrte sich einer von ihnen, indem er dem Fotografen ins Hinterteil biß. Der Patient sah sich als Alexander den Großen und war der Meinung, daß man ihn nicht genügend ehre. Zur Überprüfung von Gemälden, die Pferderennen darstellen, legte Galton Kompositfotografien von galoppierenden Pferden an.

Bis heute ist Galton präsent mit einer Erfindung, die umständliche Verfahren der Identifizierung ersetzte: dem Fingerabdruck. 1885 stellte er fest, daß der Fingerabdruck eines jeden Menschen bis auf eineiige Zwillinge verschieden ist und daß man dieses Merkmal zur Identifizierung benutzen kann. Auf glatten Oberflächen hinterlassen Finger einen Schweiß- und Fettabdruck, der mit Hilfe eines Pulvers sichtbar gemacht werden kann. Scotland Yard übernahm das System im Jahre 1901, und es ist bis heute in Gebrauch. Schneller, wie immer, war Sherlock Holmes, der ab 1890 Fälle mit Hilfe seines Wissens über Fingerabdrücke löst.

Auch die forensische Medizin machte durch diese Entdeckung große Fortschritte. Galtons Methode löste die komplizierten fotografischen Verfahren des Franzosen Alphonse Bertillon ab. Von Bertillon ließ Galton sich wiederum selbst ablichten, um in dessen Galerie von Kriminellen aufgenommen zu werden.

Erwähnen wir noch einige weitere Schriften, in denen sich Galtons Drang zur Quantifizierung auslebt: *Kopfwachstum bei Studenten an der Universität Cambridge*, *Drei Generationen von geisteskranken Katzen, Geschwindigkeit amerikanischer Traber, Anzahl von Pinselstrichen bei Gemälden, Wie man einen runden Kuchen nach wissenschaftlichen Prinzipien zerschneidet, Über Ohnmacht beim Anblick eines verletzten Fingers.*

Eine zweite Ader seiner Exzentrik entstand ebenfalls aus einer Übertreibung von Prinzipien, die das 19. Jahrhundert beherrschten, gepaart mit einem Schuß englischem Pragmatismus. Man kann von einer Exzentrik des Experiments, einer exzentrischen Empirie sprechen: Was irgendwie durch die eigene Erfahrung zu überprüfen ist, muß überprüft werden. Dieselbe Neugier, die Charles Babbage trieb, sich im Ofen backen zu lassen, veranlaßte Francis Galton zu seinen Expeditionen in die Welten des Experiments.

Damals war das Magnetisieren, eine Art Hypnose, in Mode. Galton erlernte es, übte es in 80 Fällen mit Erfolg aus, gab es dann aber auf, weil es ihm zu anstrengend war. Er interessierte sich für das akustische Spektrum und wollte herausfinden, welche Töne für welche Tiere hörbar sind. Er begann mit Katzen, baute sich dann einen Stab mit Hupe am Griff und ging so bewaffnet in den Zoo. Er ließ an allen Käfigen unauffällig seinen Ton erklingen, aber die Resultate waren mehr als dürftig. Nur einige Löwen wurden zornig.

In seiner endlosen Neugier untersuchte er den Hörsinn von Blinden, die Fähigkeit bestimmter Personen, Zahlen als Gestalten zu sehen, und überprüfte die Erwartungsquote von Gewichtschätzungswettbewerben auf Bauernmärkten. Um herauszufinden, ob sich Eigenschaften über das Blut vererben, führte er in 88 Fällen einen Blutaustausch bei Kaninchen durch, freilich mit einem nichtssagenden Ergebnis. Er versuchte vergeblich, Motten zu züchten, und gab Philosophen auf dem Lande Ratschläge zur Züchtung von intellektuellen Hunden.

Selbstverständlich machte er vor nichts und niemandem halt in seinem «Heiligen Krieg, oder *jehad*, gegen die Sitten und Vorurteile, die den physischen und moralischen Qualitäten unserer Spezies schaden». Erst recht nicht vor sich selbst. Während des Medizinstudiums beschloß er, alle Medikamente, und zwar in alphabetischer Reihenfolge, an sich auszuprobieren. Beim Buchstaben C mußte er die Versuchsreihe einstellen, denn mit dem Croton-Öl geschah ihm das, was man mit dem gleichartigen Rizinusöl erlebt.

Das Reisen stellte für Galton eine hohe Stufe des Empirischen dar, insofern der Reisende ständig Proben durchlief und dabei seine Vorurteile über sich und die menschlichen Kulturen überprüfen konnte. Die erste Reise auf dem Kontinent führte ihn unter anderem nach Wien, wo er eine Heilanstalt besuchte. Zu seiner Verlegenheit sprang eine Patientin auf ihn zu, eine schöne Frau, und umarmte ihn mit den liebevollen Worten: «Oh mein Fritz! Mein lang verlorener Fritz!» Im Jahre 1840 besuchte er Justus von Liebig in Gießen und fuhr dann, von Lord Byrons Poesie angestachelt, die Donau hinab bis ans Schwarze Meer nach Istanbul. Später ging es nach Malta und Ägypten und schließlich nach Südafrika. Daraufhin schrieb er ein Buch, um Reisende vor Fehlern zu schützen: *The Art of Travel*. Es enthält nützliche Hinweise für die Orientierung in der Wildnis, das Erklettern von Felsen, den Boots- und Zeltbau. Das englische Militär lud ihn während des Krimkriegs zu Vorträgen ein, damit er den unerfahrenen Soldaten die einfachsten Tricks in der Wildnis beibrächte. Darwin bedankte sich 1855 für die Zusendung des Buches: «Wenn du ein halbes Dutzend Forschungsreisende vor einer Katastrophe rettest, dann, denke ich, wirst du dich gut belohnt wissen für die ganze Mühe, die dich dieser Band gekostet hat.» Der Krimkrieg brachte ihn auch in Kontakt mit Florence Nightingale, die das Lazarettwesen einführte und die Pflege der Verwundeten zu ihrer Sache machte. Weniger bekannt ist, daß sie eine große Verfechterin der Statistik war und in dieser die Offenbarung eines göttlichen Planes erkannte. Das Studium der Statistik sah sie als religiöse Pflicht an und versuchte daher, einen Lehrstuhl für Angewandte Statistik einzurichten. Das war Francis Galton nur recht, und so korrespondierte er mit ihr über Untersuchungen, die man anstellen könnte: Wie wirksam sind Strafen? Wie schnell vergißt man, was man auf der Schule gelernt hat? Wie entstehen Verbrecher durch falsche Erziehung? Wie wird sich Indien physisch und kommerziell entwickeln?

Galton, der von einer guten Erbschaft als Privatgelehrter leben konnte, arbeitete wie eine Maschine, und so sah er sich auch. Auch dies mußte überprüft werden, und so begann er seine mentalen Assoziationen zu beobachten. Er stellte fest, daß er keine Freiheit besaß, sondern durch und durch determiniert war. Ähnliches stellte später auch Nikola Tesla mit Hilfe derselben Methode fest. Galton entwickelte weitere Verfahren der Selbstbeobachtung, die er bis an den Rand von Wahn und Lebensgefahr durchführte. In seiner Jugend verspürte er das Bedürfnis, den Körper seinem Geist zu unterwerfen. Er glaubte dies dadurch erreichen zu können, daß er unbewußte und automatische Vorgänge dem Willen unterordnete. So tat er es mit der Atmung: Jeder Atemzug sollte gewollt sein. Binnen kurzem erfaßte ihn Panik, und er hatte eine der schlimmsten halben Stunden seines Lebens. Es war das Gefühl, ersticken zu müssen, sobald der Wille nicht mehr wollte. Nur langsam kam er wieder in die Normalität zurück. Ähnlich gefährlich war sein Versuch, den Wahnsinn zu verstehen. So beschloß er, allem, was er sah oder traf, Tier, Mensch oder Ding, etwas Beobachtendes, Ausspähendes zuzuschreiben. Morgens ging er aus dem Haus und bemerkte bald mit Schrecken, daß sein Experiment nur allzu erfolgreich verlief. Nach zweieinhalb Kilometern, am Kutschenstand bei Piccadilly, beobachtete ihn jedes Pferd mit gespitzten Ohren, und wenn es das nicht tat, dann verstellte es sich eben. Erst nach Stunden konnte er diesen leicht erworbenen Verfolgungswahn wieder ablegen.

Ein weiteres Experiment betraf die Verehrung von Götzenbildern, wie er sie bei den Wilden gesehen hatte. Es ging im weiteren Sinn also um die Wirksamkeit von Bildern. Galton hatte selbst eine umfangreiche Sammlung von Skulpturen und Bildern, die ihm Missionare mitgebracht hatten. Wie also konnte jede dieser «absurden und schlechtgemachten Monstrositäten» eine Macht über die Phantasie der Menschen ausüben? «Ich wollte, wenn irgend möglich, in diese Gefühle eindringen», schreibt er. Es mußte ein völlig unwahrscheinlicher Gegenstand sein, ein niederes Objekt, um die universale Formbarkeit des Geistes zu beweisen. Also wählte er ein witziges Bild aus *Punch* und stellte sich vor, daß es göttliche Attribute besäße. Er näherte sich ihm immer wieder im Geist der Verehrung und der Furcht, und nach einiger Zeit merkte er, daß sich diese Gefühle in ihm festsetzten. Noch viel später verspürte er diese Gefühle gegenüber dem komischen Bildchen – ein Beweis für die ungeheure Macht der Bilder und die Suggestibilität der Menschen.

Mit Bildern versuchte er auch, sich Jahre seines Lebens einzuprägen. Dafür fertigte er nach dem Vorbild der Dakota kleine Medaillen an, auf denen die Jahreszahl mit entsprechenden Bildern eingelassen war. Die Medaille für 1900 zeigt den Nil, auf dem er damals reiste; die für 1903 einen Papstschlüssel, denn in diesem Jahr besuchte er Rom.

Unter seinen vielen Erfindungen seien noch Standardisierungen für Meßgeräte und der Wetterbeobachtung erwähnt. Näher ist er den meisten von uns jedoch, weil er in einigen Teilen Europas den Schlafsack eingeführt hat.

Ein schwedischer Doktor Faust

August Strindberg

Wer Strindberg verstehen will, steht sich selbst im Weg. So sehr ist dieser Mensch Schauspieler und Regisseur seiner selbst, daß auch wir notgedrungen Teil seines Spiels werden. Er hat viele Facetten als Mensch und viele Begabungen gehabt. Sehen wir jedoch nur den einen Strindberg, werden wir schon von dem anderen ertappt. Die Figur Strindberg wäre auch Anlaß, über das Phänomen der vielseitigen Intelligenz nachzudenken. Man sollte ihn als Hinweis nehmen für eine zweite Art von Kulturgeschichte, einer Geschichte, in der nur Unbekannte aufträten: ein Bibelexeget namens Newton, ein Botaniker namens Goethe, ein Mystiker namens Balzac, ein Motorradfahrer namens Kafka, ein Entomologe namens Ernst Jünger oder eben ein Maler namens August Strindberg.

Er ist uns zwar in erster Linie als Dramatiker bekannt, doch erzielen heute seine Gemälde auf Auktionen mehr als alle anderen skandinavischen Maler. Da er viele Talente besaß, wußte er lange nicht, wohin es ging mit ihm. Einmal überlegte er, ob er Leuchtturmwächter werden sollte oder lieber Hotelportier mit Fremdsprachenkenntnissen oder Archivar. Manchmal war alles derart im Fluß, daß er sein Leben selbst als Experiment begriff. So experimentierte er mit den verschiedensten Lebensläufen. Er wurde Hauslehrer, Student, Schauspieler, Lehrling in einem Telegrafenamt, Ehemann, Vater und Bibliothekar. Künstlerisch und wissenschaftlich tätig war er als Autor, Ethnologe, Sozialwissenschaftler, Historiker, Fotograf, Chemiker, Journalist, Maler, Bildhauer, Philosoph, Regisseur und Sprachwissenschaftler. In allen Tätigkeiten und Disziplinen ist er «der ungeheure Strindberg», wie Kafka ihn nannte, das heißt: Er bricht auf ins Unbekannte des Inneren, an die Ränder des Wissens und in die zwischenmenschliche Telepathie. Dabei verschont er nichts, nicht sich noch die anderen, nicht einmal die Wahrheit läßt er ungeschoren, denn auch sie könnte Schauspiel sein. Symptomatisch ist etwa, daß er eine Zeitlang für ein Versicherungsblatt arbeitet und seine Aufgabe darin sieht, das Versicherungswesen, insbesondere eine bestimmte See-Versicherung, bloßzustellen. Mit den Worten eines seiner Biographen: «Er informierte nicht über die Branche, sondern fügte ihr unermüdlichen Schaden zu.» Das trifft letztlich auf ihn selbst zu: Seine Werke berichten nicht über ihn selbst, sie sind Tunnelgänge nach innen, die den Bau des Selbst unermüdlich aushöhlen, bis es in sich zusammenfällt. Seine Verbindungen und Zerwürfnisse mit den Frauen und der Familie sind der bekannteste Ausdruck dieses dämonischen Triebes, der einen guten Teil seiner Theaterstücke bewegt. Er wurde zum Inbegriff des Frauenhassers, der doch wie kaum ein anderer von den Frauen auch geliebt wurde. Er legte die Mechanik der bürgerlichen Seele frei und riß dem Anstand seine Maske ab. Er war so radikal in der Destruktion wie in der schöpferischen Liebe.

Wahrscheinlich war er vor allem totalitär: Er wollte die Totalität in jeder Hinsicht, sexuelle Hörigkeit, politische Macht, religiöse Bejahung, atheistische Verneinung. Vor allem suchte er nach einem totalisierenden Weltbild, in dem sowohl Naturwissenschaften als auch Psychologie und Religion ihren Platz hätten. In dieser Hinsicht ist Strindbergs Schaffen eine Antwort auf die Verdummung durch Spezialisierung. So ist auch sein Umgang mit den Wissenschaften zu verstehen. Die Spezialisierung der Naturwissenschaften stieß ihn ab, und er setzte ihnen wie sein Vorbild Goethe eine andere Wissenschaft engegegen. An Goethe faszinierte ihn der «Mangel an fertigen Ansichten» und sein ständiges Wachsen und Verjüngen. Goethes Faust wird Strindbergs Alter ego, das zwischen Hölle und Laboratorium, zwischen Erotik und Wissenschaft irrt.

Im Jahre 1895, dem Jahr, in dem die Röntgenstrahlen entdeckt werden, Oscar Wilde ins Zuchthaus kommt und die Dreyfus-Affäre in Frankreich ihren Höhepunkt erreicht, ist Strindberg in Paris. Die traumatische Scheidung von Siri von Essen liegt hinter ihm, er hat gerade wieder geheiratet, eine Tochter wird geboren. In Schweden wie auf dem Kontinent, insbesondere in Deutschland, genießt er seinen luziferischen Ruf. Man bewundert ihn, man hat Angst vor ihm, man attackiert ihn. In Paris will er sowohl seinen literarischen wie wissenschaftlichen Ruf aufbauen. *Fräulein Julie*, sein naturalistisches Stück wird an der Seine zum symbolistischen Schauspiel, die Zeitungen haben großes Interesse an der Präsenz des Schweden in der Hauptstadt. Durch einen Artikel über die

«Minderwertigkeit der Frau gegenüber dem Mann» macht er sich zum Stadtgespräch. Doch Strindberg stürzt zur selben Zeit in das Inferno. *Inferno* nennt er sein Buch, das er in diesen Jahren zwischen 1894–1897 schreibt. Es beginnt in einem Pariser Café. Er spürt neue Kräfte in sich wachsen, er spürt eine neue Richtung: «Nun ist mir das Theater zuwider wie alles, was man gewonnen hat, und mich lockt die Wissenschaft.» Wie Faust opfert er die Liebe auf dem Altar des Erkenntniswahns. Abends beginnt er in seinem Hotelzimmer mit chemischen Experimenten. Den ganzen Frühling und Sommer über wird er Tag und Nacht Experimente durchführen, nicht nur im Hotel, sondern auch in der Sorbonne darf er arbeiten. Die Zeitungen werden aufmerksam und berichten über seine Arbeiten; sie geben ihm Platz für lange und gut plazierte Artikel, in denen er seine Ansichten von der Chemie darlegt. Er will bewiesen haben, daß Schwefel kein Element ist, sondern sich in weitere Bestandteile zerlegen läßt. Damit, meint er, sei die herrschende Chemie gestürzt. Seine Hände sind schwarz und verbrannt vom nächtlichen Höllenfeuer, er läuft abgerissen umher, das Urbild des verkohlten Alchemisten. In seinen Schlüssen folgt er den Analogien: Wenn der Schwefel Kohlenstoff enthält, dann enthält er auch Wasserstoff und Sauerstoff. Auch dies wird bewiesen. Dann wendet er sich der Möglichkeit zu, wie man Benzin aus Jod gewinnen könnte.

Die Analogien im wissenschaftlichen Vorgehen sind jedoch nicht zu trennen von denen des täglichen Lebens, das ihn mehr und mehr in ein System von labyrinthischen Zufällen einspinnt. Auf dem Friedhof Montparnasse findet er sich vor dem Grabmal eines Chemikers und Toxikologen wieder, Orfila mit Namen. Eine Woche später steht er vor einem Gebäude in der Rue d'Assas, es ist ein Hotel, und es heißt Hotel Orfila. Er fühlt, daß eine unsichtbare Hand ihn in dieses Hotel treibt, um ihn dort zu züchtigen und zu reinigen und vielleicht zu erleuchten. Der Name «Orfila» enthält das Wort «or», französisch für «Gold». Die Goldmacher klopfen also an. Und Gold möchte er nun machen, indem er mit schwefelsaurem Eisen arbeitet. Es gelingt nicht in Paris; aber in Lund, ein Jahr später, will er mineralisches Gold produziert haben, von erhabenster Schönheit. Er schickt das Ergebnis an professionelle Chemiker, doch die können es nicht bestätigen, es sei instabil. Strindberg aber wird zeitlebens glauben, daß er Gold hergestellt hat.

In Paris versucht er, die Grenzen zwischen Materie und Geist aufzuheben, ein gefährliches Unterfangen, denn diese Grenzen sind auch Bedingung unseres Daseins. Er arbeitet über die Psychologie des Schwefels, über dessen embryonale Entwicklung. Die Alchemie reckt wieder ihren Kopf, denn immer wenn es menschlich wird, wenn projiziert wird vom Menschen auf die Materie, geht es alchemistisch zu. «Projizieren» ist nicht ohne Grund ein Fachbegriff aus der Alchemie. Die Alchemie verbindet sich mit allen möglichen Tätigkeiten, sie ist ein schöpferischer Quell. Eine Illustration von Sjöberg zu seinem häretisch-chemischen Traktat *Antibarbarus* zeigt ihn als Alchemisten in seinem Labor. Er nennt sich nun einen Dichter-Chemiker und spricht von seinen Formeln als «chemischen Sonetten». Auch hier greift er Goethes poetisch-naturphilosophisches Denken auf, wie es sich in den chemisch konnotierten *Wahlverwandtschaften* zeigt. In *Dichtung und Wahrheit* spricht Goethe von seiner «mystisch-kabbalistischen Chemie», eine Disziplin, die Strindberg zutiefst gefällt. Wie Goethe ist er auf der Suche nach Urmodellen. Wenn Goethe von einer weißen jungfräulichen Erde, einer animalischen Gallert schreibt, Liquor silicum, Kieselerde, so hat Strindberg nachgewiesen, daß es sich dabei um das Ur-Eiweiß handelt.

Die Suche nach der *prima materia* ist ein altes alchemistisches Ziel, denn nur von diesem Grundstoff her kann die Veredelung beginnen. «Von Goethes Chemie verspreche ich mir viel!» ruft er aus. Goethes Chemie ist für ihn in erster Linie Alchemie, und diese wiederum beruht auf Goethes Monismus. Er nennt sich Transformist wie Darwin und Monist wie Haeckel. Alles soll aus einem Prinzip hergeleitet werden. Aber gleichzeitig ist alles in Bewegung, denn die Natur schaffe nicht nach System. Er wünscht sich eine «vereinheitlichende Chemie», «une chimie unitaire». Der Einheitswunsch, die Suche nach der einsamen Formel, die alles zusammenfaßt, ist immer schon Ursprung alchemistischen Denkens. In Zeiten der Fragmentierung und Entfremdung dient sie sich den verlorenen und entwurzelten Geistern in besonderem Maße an. Die Einheit kann gedacht und gefühlt werden, wenn man die mannigfaltigen Korrespondenzen erkennt, die die Welt zu einem Kunstwerk der Analogien machen. Wie oben, so unten, heißt es auf der Smaragdenen Tafel, die den Alchemisten heilig ist und die sie Hermes Trismegistos selbst zuschreiben. Der herrschenden Chemie stellt Strindberg die alchemistische Konzeption der Transmutation entgegen: der Wandelbarkeit der Elemente. Damit ist er paradoxerweise wieder an der vordersten Linie von Physik und Chemie anzutreffen, die sich im Jahr des Infernos ebenso abzeichnet. 1895 werden von Röntgen Strahlen entdeckt, die durch die Materie dringen und damit auch für Strindbergs Psyche faszinierend sind. Kurz darauf wird die Radioaktivität von Becquerel und den Curies entdeckt und beschrieben. Damit wird das bis dato solide erscheinende Weltbild der Elemente erschüttert. Ein Element, heißt es nun, kann zerfallen und transmutieren. Für viele Geister – etwa Kandinsky – bedeutete diese Entdeckung des Zerfalls von Materie eine weltanschauliche Katastrophe, ähnlich wie es Kleist nach der Lektüre von Kant erging.

Strindberg entdeckt in diesen Jahren auch Swedenborg, der sein großer Meister wird und wie kein anderer, mit bestürzender Präzision, diese Architektur der Korrespondenzen aufgezeichnet hat. Bei Strindberg können sie zu Kunstwerken gerinnen, zu Meditationen, aber auch zu Gewittern der Paranoia werden. Oft fängt alles ganz harmlos an, wie ein Rorschach-Test. Im Kamin brennt er Kohlen, die plötzlich phantastische Gestalten annehmen, den Kopf eines Hahnes, zwei betrunkene Dämonen oder eine Madonna mit Kind im byzantinischen Stil. Oder er stößt am Fuße eines Denkmals in der Nähe des Observatoriums auf zwei Pappschilder. Auf dem einen steht die Zahl 207 gedruckt, auf dem anderen die Zahl 28. Das bedeutet Blei (Atomgewicht 207), sagt er sich, und 28 steht für Silicium. Zu Hause beginnt er daraufhin gleich Experimente mit Blei. Er wacht auf und findet, daß sein Kopfkissen einem Marmorkopf von Michelangelo gleicht. All diese Beobachtungen, wie sie schon Leonardo da Vinci beschrieb, als er Künstlern empfahl, sich Mauern anzuschauen, verdichten sich zu der Vorstellung einer Kunst, die von der Natur selbst gemacht wird. Das Inferno nimmt Gestalt an, als er feststellt, daß man über seinem Hotelzimmer eine Höllenmaschine installiert hat, ein Rad, das sich den ganzen Tag dreht. Er sieht sich als Opfer eines umfassenden Komplotts, denn, so glaubt er, man hat ihn als Zauberer, Schwarzkünstler, modernen Faust entlarvt, als radikalen Wissenschaftler. Er rühmt sich, daß an dem Tag, als sein Aufsatz über eine andere Astronomie erscheint, der Direktor der Pariser Sternwarte stirbt, so wie auch der große Pasteur an dem Tag stirbt, als Strindbergs ketzerische Wissenschaft unter dem Titel *Sylva Sylvarum* ausgeliefert wird. Aber wer verfolgt ihn denn? Die Russen, die Pietisten, die Katholiken, die Jesuiten oder die Theosophen? Oder ist es die Polizei, die mit diesen Mitteln Anarchisten zermürbt? Es sind auf jeden Fall Feinde, die ihn mit Elektrizität oder anderen geheimnisvollen Strahlen bändigen wollen. Seine Feinde sind die Elektriker! Die Irrenhäuser, schreibt er, wissen viel von diesen Elektrikern zu berichten. Später sieht er den Gott Pan in einem Wandschrank erscheinen. Die Dinge verknoten sich um ihn herum, er ist voller Mißtrauen gegen alle Mitbewohner, er flieht nach Böhmen, um seine kleine Tochter zu besuchen: «Das ist Doktor Fausts Wiedererwachen zum irdischen Leben!» Aber auch hier holt ihn die Alchemie ein. Man fährt durch eine Talsenke, eine Schlucht, in der ein Dorf liegt, auf dem Felsen thront die Burg. Er fühlt, er hat diese einzigartige Landschaft schon einmal gesehen, aber wo? Da fällt es ihm ein: Im Zinkbad im Hotel Orfila, eingeritzt in das Eisenoxyd, hat er genau diese Landschaft gesehen. Die Natur ahmt die Kunst nach!

In einem Essay über den Totenkopfschwärmer denkt Strindberg über solche Verfahren nach: wie die Natur ihre Formen und Farben, die Wellen und Wolken, auf die Häute von Fischen oder die Flügel von Schmetterlingen projiziert: Was ist dies, fragt er, anderes als Fotografie? In seiner Malerei wiederum nähert er sich der Natur an, versucht ihr Ungestaltetes, Ungesondertes auf die Leinwand zu bringen. Die Kritik läßt nicht auf sich warten: «Ob es sich bei *Schneetreiben auf dem Meer* um ein zum Trocknen aufgehängtes schmutziges Laken handelt oder um das Muster einer neuen Methode zum Streichen von Stalltüren, läßt sich unmöglich sagen.» Andere Landschaftsbilder von ihm vergleicht man mit Margarinebroten, Butterfässern oder dem Hof der Stockholmer Stadtreinigung. Aber eben auch das Malen ist ein alchemistischer Vorgang, in dem das Subjekt und sein Gegenstand verschmelzen und in dem die *prima materia*, das Elementare, zur Ansicht gebracht wird.

Er versenkt sich weiter in Swedenborg und in Balzac, den «Adjutanten des Propheten», auch ein Kenner der Korrespondenzen. Er stellt fest, daß alles, was ihm widerfährt, schon bei Swedenborg beschrieben ist: Brustbeklemmung, Herzklopfen. Im Jahre 1744 soll Swedenborg dieselben nächtlichen Martern erlitten haben wie Strindberg im Jahre 1895. Swedenborg wird ihn sein Leben lang begleiten.

Der schwedische Chemiker und Nobelpreisträger The Svedberg, der Strindbergs naturwissenschaftliche Schriften studiert hat, kam zu dem Ergebnis, daß Strindberg in seinem Innersten kein Wissenschaftler war. Das Wesen strengen Forschens war ihm fremd. Strindberg war insofern unitarisch oder monistisch, als er in allen seinen Tätigkeiten einem Prinzip folgte: der Systemlosigkeit. «Kein Programm», schrieb er einmal, heißt mein Paßwort. Daher war der Zufall für ihn von so immenser Bedeutung – wie später für die Surrealisten. Was ihn am meisten verstörte und erzürnte, war die Behauptung der Wissenschaften seiner Zeit, daß es keine Geheimnisse mehr gebe. Es führte ihn in eine tiefe Verzweiflung, die in einem Selbsttötungsversuch endete – so zumindest gibt er es wieder. Die Selbsttötung – das ist wieder charakteristisch für ihn – verläuft wie ein Experiment. Er muß es aber unterbrechen, als ihn Lähmung überfällt und Bittermandelgeruch sich ausbreitet. Er sieht nun einen blühenden Mandelbaum, eine alte Frau erscheint und sagt: «Aber glaub doch nicht daran, Kind!» *Daran* – damit ist für ihn die moderne Wissenschaft gemeint, und er schließt sein Experiment mit den Worten: «Und ich habe nicht mehr geglaubt, daß das Geheimnis des Universums entschleiert sei, und ich bin hingegangen, bald allein, bald in Gemeinschaft, und habe über die große Unordnung nachgedacht, in der ich schließlich einen unendlichen Zusammenhang entdeckte. (…) In meinem Universum regiert die Unordnung, und das ist da die Freiheit.»

Einen großen Zusammenhang entdeckte er am Ende seines Lebens auch in den Sprachen. Hier wiederholt sich noch einmal die alchemistische Suche nach Ursprung, Transmutation und Einheit, nun auf einer philologischen Ebene.

Strindberg ging in seiner Wissenschaft deduktiv vor: erst das Gesetz, dann die Bestätigung durch das Experiment. Dennoch ist festzuhalten, daß er sich auf vielen Gebieten weit vorwagte und immerhin von Wissenschaftlern kontrovers diskutiert wurde. Seine Präsenz in okkulten und wissenschaftlichen Zirkeln und deren Medien in seiner Pariser Zeit ist unübersehbar. Auch die Wissenschaft stellt eine Kollision in seinem an Katastrophen reichen Leben dar. Doch ebenso wie bei den fürchterlichen Kollisionen mit den Frauen konnte er sich auch hier sagen: Selbst wenn es nicht klappt, habe ich doch wenigstens wieder ein Kapitel für meinen Roman.

Um 1898 jedoch gab Strindberg die intensive Verfolgung von okkulten und chemischen Studien auf. Nach den Jahren des Inferno, schreibt sein Biograph Olof Lagercrantz, begann nun eine der fruchtbarsten Phasen, die je in der Literaturgeschichte verzeichnet wurden.

Der Magier der Elektrizität

Nikola Tesla

Zuerst waren die Blitze in seinem Kopf. Als Kind hatte Nikola Tesla die unheimliche Fähigkeit, Personen und Szenen genauestens zu visualisieren, so daß er oft nicht wußte, um welche Art von Realität es sich handelte: eine innere oder eine äußere. Oft waren diese Bilder von heftigen Blitzgewittern begleitet, und er mußte sich die Augen reiben, um sich seiner zu vergewissern. Den Ursprung dieser Erscheinungen konnte er sich nicht erklären. Es war eine so störende Erfahrung, daß er lernen mußte, sich auf Gegenbilder zu konzentrieren. Nachdem er alle Dinge seiner näheren Umgebung dafür benutzt hatte, begab er sich auf lange mentale Reisen in die ganze Welt. Mit siebzehn bemerkte er, daß er alles visualisieren konnte, was er sich vornahm. Er brauchte keine Pläne zu zeichnen, sondern sah alle Schritte einer Konstruktion, alle Details einer Maschine im virtuellen Raum seiner Phantasie. Was er als unerwünschtes Sehen erlitt, sollte ihm später helfen, Erfindungen zu machen, die zu den wichtigsten des Jahrhunderts gehören: drahtlose Übertragung, Hochfrequenz, Wechselstrommotoren, Fernsteuerungssysteme oder die Turbinentechnik.

Tesla wurde 1856 im heutigen Kroatien geboren, im Gebiet Lika, an der bosnischen Grenze. Seine Eltern waren Serben, er sah sich immer als beides, serbisch und kroatisch, als Jugoslawen also. Das Verhältnis zu ihnen war eng, aber auch belastet. Als ein älterer Bruder, der in der Familie als das eigentliche Genie galt und von den Eltern besonders geliebt wurde, bei einem Reitunfall starb, fühlte sich Nikola zu besonderen Leistungen verpflichtet, um des Bruders Stelle einzunehmen. Daraus erklärt man eine Reihe merkwürdiger Verhaltensweisen, die zum Teil obsessiver Natur waren. Die Mutter, zu deren Vorfahren einige Erfinder gehörten, sang oft bei der Arbeit und machte den Sohn mit der mündlichen Tradition Serbiens vertraut. Der Vater, ein Geistlicher, dichtete und unterzeichnete seine Produkte mit dem Titel «Mann der Gerechtigkeit». Für seinen

Sohn hatte er sich besondere Erziehungsmethoden ausgedacht: immer ein gefährliches Experiment. Der Sohn sollte Gedankenlesen lernen, lange Sätze wiederholen und monströse rechnerische Übungen durchführen. Früh fielen aber die Talente Nikolas auf. Mit sechs Jahren gelang es ihm bei der feierlichen Vorführung einer neuen Feuerwehrpumpe, diese in Gang zu setzen, nachdem die Feuerwehrmänner es vergeblich versucht hatten. Er hatte keine Ahnung von dem Gerät, nur sein Instinkt hatte ihn geleitet. Maschinen zogen ihn magisch an, wie das Vakuum und die Mathematik. Er konnte schneller rechnen als seine Lehrer. Eines Tages sah er auf einem romantischen Stahlstich zum ersten Mal die Niagarafälle, und diese ließen das Bild eines gigantischen Wasserrades vor seinem inneren Auge erstehen. Seinem Onkel teilte er mit, er werde nach Amerika gehen und aus diesen Wasserfällen riesige Energien holen. Dreißig Jahre später verwirklichte er diese Vision.

Eine Cholera-Epidemie 1873 fiel mit dem Abschied vom Gymnasium zusammen. Sein Vater versprach ihm, daß, wenn er überlebe, er ihn nach Graz zum Ingenieurstudium schicken werde. Zuvor schickte er ihn jedoch in die wilden Berge, damit er wieder genese, denn Nikola war von schwächlicher Konstitution. In den Bergen konnte er sich ganz seinen Visionen hingeben. Er hatte immer Großes im Sinn und träumte von einem riesigen Rohr unter dem Atlantik für die Post oder sah einen gigantischen Ring, den man um den Äquator bauen und der sich um die Erde drehen würde. Mit dem Studium klappte es aber nicht so recht, er widmete sich eher der Jagd auf das andere Geschlecht und dem Trinken. Der Tod des Vaters führte ihn wieder auf die rechte Bahn zurück; er gab sogar das Kaffeetrinken auf, denn die Nachrufe in den Wiener Zeitungen hatten ihn nachdenklich gemacht. Er stellte fest, daß 67 Prozent der Wiener an Herzversagen starben. Den Genußmitteln Tee und Kaffee warf er später vor, das Gehirn zu erschöpfen, dem Tabak sagte er nach, in demselben eine gewisse Oberflächlichkeit des Denkens zu erzeugen, während Kaugummi die Drüsen belaste.

In Budapest wurde er erstmals für Edison tätig, als er bei dem Aufbau einer Telefonzentrale half. Eines Tages bemerkte er, daß seine Sinne zunehmend schärfer wurden, als sie ohnehin schon waren. Er konnte eine Uhr vier Zimmer weiter hören. Wenn eine Fliege sich auf dem Tisch niederließ, vernahm er ein dumpfes Aufschlagen. Eine Kutsche, die einige Kilometer entfernt vorbeifuhr, ließ ihn erbeben. Vor dem Aufprall von Sonnenstrahlen auf seinem Schädel mußte er unter Brücken flüchten. Nachts hörte er wie eine Fledermaus. Wie so manches Mal in seinem Leben kündigte sich auf diese Weise ein totaler Nervenzusammenbruch an. Er zuckte und zitterte am ganzen Körper, der Puls stieg auf 260. Die Ärzte gaben Tesla auf. Doch der Erfinder war unverwüstlich. Ein Dutzendmal soll er fast ertrunken sein, einmal wäre er beinah gekocht und verbrannt worden. Er wurde lebendig vergraben, war verschollen und entkam Hunden, Wildschweinen und dem Tod durch Erfrieren nur ganz knapp. Immer wieder richtete er sich auf, auch in Budapest stieg er erfrischt und energiegeladen aus dem Krankenbett. Seit Jahren hatte er sich mit einer neuen Art von Motor, dem Wechselstrommotor, beschäftigt, der Elektrizität besser und effektvoller in Bewegung umsetzen sollte. Unser gesamtes elektrisches System – von der Beleuchtung bis hin zur Elektronik – basiert heute zum größten Teil auf Wechsel- und nicht auf Gleichstrom. Der Zusammenbruch schien die Karten in seinem Gehirn neu gemischt zu haben. Er ahnte, daß die Lösung sich in seinem Kopf anbahnte, konnte aber noch keinen Ausdruck dafür finden. Eines Nachmittags ging er mit einem Freund im Budapester Stadtpark spazieren und rezitierte Gedichte. Damals konnte er ganze Bücher auswendig, darunter Goethes *Faust*. Die Sonne ging gerade unter und erinnerte ihn an Fausts Osterspaziergang mit Wagner vor dem Tore:

> Sie rückt und weicht, der Tag ist überlebt,
> Dort eilt sie hin und fördert neues Leben.
> Oh, daß kein Flügel mich vom Boden hebt
> Ihr nach und immer nach zu streben!
> …
> Ein schöner Traum, indessen sie entweicht.
> Ach! zu des Geistes Flügeln wird so leicht
> Kein körperlicher Flügel sich gesellen.

Wie er diese Verse ausspricht, trifft ihn die Erleuchtung. Er zeichnet schnell mit einem Stock die Diagramme in den Sand, die er sechs Jahre später vor dem American Institute of Electrical Engineers vorstellen wird. Er fühlt, daß dieses Geheimnis unter Todesgefahr der Natur abgerungen war.

Vielleicht war der Zusammenbruch Voraussetzung für diese Entdeckung. Vielleicht war es aber auch die Entdeckung – das innere Arbeiten an einer Lösung –, die ihn am Leben erhielt. Tesla war introspektiv und hat sich immer sehr genau beobachtet. Dabei stellte er fest, daß die Innensicht immer wieder sein Leben gerettet hat und Grundlage für seinen Erfolg wurde. Bei aller Scharfsicht und Analyse vertraute er auf die Intuition, mit der er einst eine Feuerwehrpumpe reparieren konnte. Als er einmal als Gymnasiast schwerkrank darniederlag, fielen ihm die frühen Werke von Mark Twain in die Hände, und er genas, möglicherweise, wie er schrieb, durch die Wirkung der Literatur. Ein Vierteljahrhundert später war er mit Mark Twain befreundet und berichtete ihm von diesem Erlebnis; woraufhin dieser große Mann des Lachens in Tränen ausgebrochen sein soll.

Im Jahre 1884 wanderte Tesla nach Amerika aus. Bei seiner Landung in New York – im Gepäck ein paar Gedichte und Artikel sowie Berechnungen über Flugmaschinen – glaubte er zu träumen: das Land schien ihm kulturell ein Jahrhundert hinter Europa herzuhinken. Wenig später hatte er das Gefühl, die Vereinigten Staaten seien Europa um hundert Jahre voraus. Hier konnte er jedenfalls seine großen Träume verwirklichen. Eine Empfehlung führte den immer makellos gekleideten, großen und südländisch aussehenden Serben zunächst zum mächtigen Zauberer Thomas A. Edison. Er traf ihn in schlechter Stimmung an. Im Hause des Millionärs Vanderbilt auf der Fifth Avenue hatte es gerade Kurzschlüsse mit Feuer gegeben. Elektrizität war in diesen Jahren noch eine gefährliche Technik. Nicht einmal der Präsident der Vereinigten Staaten durfte den Lichtschalter im Weißen Haus anfassen. Edison war außerdem unter Druck, weil ein Schiff im Hafen auf elektrische Reparaturen wartete und die Gesellschaft mit jeder Stunde viel Geld verlor. Der Empfehlungsbrief, den Tesla mitbrachte, war von einem englischen Ingenieur der Edison Company in Europa ausgestellt worden und lautete: «Ich kenne zwei große Männer, und Sie sind der eine. Der andere ist dieser junge Mann!» Edison war gar nicht begeistert, aber konnte gut einen neuen Techniker gebrauchen. So schickte er ihn auf das Schiff, das täglich tausende Dollar an Hafengebühren kostete. Bald kam es jedoch zwischen den beiden Genies zu einer Kollision über eine finanzielle Vereinbarung, die Edison nicht einhielt. Der stolze Tesla verdingte sich daraufhin im Straßenbau und begann wieder ganz von vorne. Gleichzeitig baute er sich ein Labor auf, um seine Wechselstrommaschinen zu konstruieren. Edison hielt nichts vom Wechselstrom, und so stießen die beiden bald wieder zusammen im sogenannten «Krieg der Ströme», dem *War of the Currents*. In wenigen Jahren hatte Tesla 40 Patente eingereicht. Bald erhielt er einen ersten großen Auftrag: die elektrische Beleuchtung einer Weltausstellung, der Columbian Exposition in Chicago im Jahre 1893. Hier war das erste amerikanische Auto zu sehen, das erste Riesenrad und die erste Kinetoscop-Schau, eine Vorform des Kinos. Doch Teslas Wechselstromanlage, die er im Auftrag von Westinghouse gebaut hatte, war der eigentliche Kern der Ausstellung. Als Präsident Cleveland zur Eröffnung einen Knopf drückte, leuchteten hunderttausend Lampen auf, ein Orchester spielte Händels Hallelujah, Fontänen schossen in die Höhe und Fahnen begannen zu flattern – alles unter dem Diktat der Elektrizität. Diese «Stadt des Lichtes» sollte später Frank L. Baum zu seiner Smaragdenen Stadt im *Zauberer von Oz* inspirieren.

Tesla liebte die elektrischen Spektakel über alles und machte sich selbst zum Magier des Stroms. In seiner eigenen Ausstellung auf der Messe buchstabierte er die Namen seiner Idole in Form von Neonröhren, die er gerade erfunden hatte: Faraday, Maxwell oder der serbische Dichter Zmaj. In einer elektrischen Schau trat er mit dicken Gummisohlen auf die Bühne und ließ einen Schlag von zwei Millionen Volt durch sich gehen. Eine Aura von blitzenden Flammen verwandelte ihn kurz in eine göttliche Erscheinung. Er wollte seinen Körper zum Medium der Elektrizität machen.

In New York liebte er den gesellschaftlichen Auftritt und freundete sich mit Künstlern, Schauspielerinnen wie Millionären an, darunter den Vanderbilts, Rockefellers, Henry Ford und Mark Twain; er lernte Kipling kennen, Dvořák und viele andere. Nur mit Frauen ließ er sich nicht ein. Nach eigenen Angaben zerstörte er mit 33 seine Sexualität, weil ihn eine französische Schauspielerin daran hinderte, sich auf etwas zu konzentrieren. Möglicherweise handelte es sich bei dieser Schauspielerin um Sarah Bernhardt. Vieles an ihm bleibt rätselhaft, zumal die Nachwelt sich nur ungenau erinnert. Einige sagten, er habe eine schrille hohe Stimme, andere meinten, er spreche doch sehr leise und mit tiefer Stimme. Einige erinnerten sich an einen starken Akzent, andere wollten ein makelloses Englisch gehört haben. Nicht weniger Uneinigkeit herrschte über die Farbe seiner Augen und Haare.

Als Kind hatte er Fotos von den Niagarafällen gesehen und war von ihnen magisch angezogen worden; er wollte ihre Wasserkraft in elektrische Kraft umwandeln. Im Jahre 1890 wurde ihm die Chance gegeben, diesen Traum zu verwirklichen. Tesla sah darin eine weitere Bestätigung, daß seine Phantasie einen objektiven Charakter hatte. Was er sich vorstellte, war real. Doch der Weg dahin war schwierig. Finanzielle und technische Probleme türmten sich auf, Teslas Labor brannte ab, der Erfinder geriet in eine Krise. 1896, kurz vor Vollendung des Projekts, war alles wie gelähmt und in tiefsten Selbstzweifeln, und der einzige Mensch, der die Antworten wußte, lag krank im Bett und schwieg. Am 16. November wurde die Wasserkraftanlage angeworfen – und wieder einmal zeigte sich, daß Teslas Pläne perfekt ausgedacht waren.

Auf einem Festbankett mit den Sponsoren hielt Tesla eine Rede, in der er die Bedeutung dieser Anlage als Modell für die Welt pries. Plötzlich aber unterbrachen ihn die Sponsoren, er konnte nicht fortfahren. Sie hatten in dem zuvor verteilten Text gelesen, daß Tesla im Begriff war, eine neue Erfindung vorzustellen, die Hochspannungsleitungen an den Niagarafällen überflüssig machen würde: die drahtlose Übertragung von Energie.

Der hydroelektrische Strom wurde zunächst in die Straßenbahn von Buffalo gespeist und später an die Haushalte. Niagara entwickelte sich in den nächsten Jahren mit weiteren Kraftwerken zu einem boomenden Industriegebiet. Im Volksgedächtnis wird dieser Erfolg meist mit Edison verbunden, doch war es Teslas Wechselstromanlage, die die eigentliche Grundlage bildete. Ähnlich erging es ihm mit der Erfindung der Übertragung von Radiowellen, die gemeinhin Marconi zugeschrieben wird. Im Jahre seines Todes 1943 sprach das Oberste Gericht der USA Tesla das Patent Nr. 645 576 für die Erfindung des Radios zu. Eine seiner wichtigsten Erfindungen galt dem Bereich der ferngesteuerten Fahrzeuge. Er konnte sich ganze Kriege vorstellen, die nur noch ferngesteuert geführt würden ohne die Beteiligung von Menschen. Das wäre sozusagen das Ende des Krieges gewesen. Zu Beginn des Ersten Weltkriegs berechnete er dessen voraussichtliche Dauer, indem er die auf beiden Seiten vorhandenen technischen Ressourcen und Energien veranschlagte. Er kam auf eine Länge von höchstens fünf Jahren.

Drahtlosigkeit, Körperlosigkeit, immaterielle Wege der Übertragung – das waren mediale Formen, die möglicherweise seinem Körpergefühl entsprachen. Er beschäftigte sich mit Automaten und Fernsteuerung, weil er sich selbst als ferngesteuerten Automaten wahrnahm: eine Art Junggesellenmaschine. Frei um die Erde flottierende Ringe faszinierten ihn, und aus dem Weltall glaubte er Signale von intelligenten Wesen empfangen zu haben. Er vermied jede Berührung mit anderen Menschen. Allein der Gedanke, die Haare eines anderen zu berühren, verstörte ihn zutiefst, ebenso der Anblick von Ohrringen bei Frauen, von Perlen oder Pfirsichen. Er verspürte einen unangenehmen Geschmack im Mund, wenn er Papierschnitzel in einer Flüssigkeit sah. Beim Gehen pflegte er die Schritte zu zählen. Zu Tisch berechnete er den Kubikinhalt von Suppenschüsseln, Kaffeetassen und Speisen, und ohne solche Kalkulationen konnte er seine Mahlzeiten nicht genießen. Alles, was sich wiederholte, wurde durch die Zahl drei geteilt. Nummern von Häusern und Stockwerken, die er bewohnte, mußten durch drei teilbar sein. Auch litt er an der Manie, alles, was er begonnen hatte, zu Ende zu führen. Einmal begann er die Werke Voltaires zu lesen, was er als Fehler einsah, als er feststellte, daß «dieses Monster gut einhundert kleingedruckte Bände veröffentlicht hatte, während es 72 Tassen schwarzen Kaffee am Tag zu sich nahm. Es mußte getan werden, aber als ich das letzte Buch beiseite legte, war ich höchst zufrieden und sagte: ‹Nie wieder!›»

In den 1890er Jahren gehörte Tesla zu den bekanntesten und faszinierendsten Menschen der Welt. Eine faustische Atmosphäre umgab ihn, die er geschickt zu intensivieren wußte. Er experimentierte mit Röntgenstrahlen und entwickelte daraus eine Waffe, «Teslas Todesstrahl». Bei seinen Experimenten konnte er solche Kräfte freisetzen, daß die ganze Umgebung von Schockwellen erschüttert wurde. Tische wackelten, Gips fiel von den Decken, und Wände schwankten, so daß die Nachbarn an ein Erdbeben glaubten. Bei seinen Vorführungen mit Fernsteuermechanismen glaubte so mancher, Tesla würde die Schiffe und Maschinen mit Gedankenkraft antreiben. Ein berühmtes Foto zeigt ihn in seiner Werkstatt in Colorado Springs, wo er an Hochspannungssystemen arbeitete. Während über ihm die Blitze aus Spulen und Kugeln mit der Spannung von Millionen von Volt fahren, sitzt Tesla ungerührt auf einem Stuhl und liest ein Buch. Das war eine bloße Inszenierung kosmischer

Spektakel, denn das Foto war doppelt belichtet worden. Tesla, den einer seiner Assistenten als Mephistopheles bezeichnete, lief auf dicken Korkschuhen in seinen Anlagen umher, um nicht vom Blitz getroffen zu werden. Sein größter Traum war schließlich das Anzapfen einer kosmischen Energie, die überall auf der Erde, im Universum zugänglich wäre. Er wollte nicht nur Signale um die Welt senden, sondern die Energie selbst mit Hilfe von gigantischen Übertragungsstationen. Er wollte Gott spielen und Nordlichter im Himmel produzieren sowie das Wetter steuern. Wie Teilhard de Chardin oder H. G. Wells träumte er von einem Weltgehirn, einer intelligenten Schicht über dem Globus, die mit den Mitteln von Radio und Telefon entstehen sollte. Zu seinen Prophezeiungen ist das Handy zu rechnen, ein «Taschengerät», mit dem man überall jeden erreichen könnte. Auch wenn man ihn für einen Zauberer hielt, so blieb er doch Rationalist. Er hatte nur Spott für die Spiritisten und Theosophen, die bei ihm anklopften und ihn bis heute als einen geheimen Meister des Übernatürlichen verehren. Zu seinen Erfindungen gehörten die Turbine sowie die Turbinenpumpe, mit der seit 1890 zunehmend Ölfelder und Bergwerke ausgerüstet wurden. Die Atomenergie hielt er für eine Sackgasse. Es war für ihn unvorstellbar, daß man Energie aus Atomen oder dem Zerfall von Elementen beziehen könnte. Einsteins Relativitätstheorie fand er anstößig. Die heutige Wissenschaft, sagte er, wandere durch Felder von mathematischen Gleichungen und verliere dabei die Realität. Er stellte sich auch den Bau eines Riesenauges vor, das die ganze Welt auf einmal wahrnehmen könnte.

Mit 72 Jahren erhielt er das letzte Patent für ein Fluggerät, das eine Kombination aus Flugzeug und Hubschrauber darstellt. 1932 schrieb er sein einziges Gedicht. In diesen «Fragmenten des Olympischen Tratsches» unterhalten sich die Olympier, während der Dichter sie am kosmischen Telefon belauscht, über Newton, den langhaarigen Einstein, Kelvin und Tesla.

Kurz vor Beginn des Zweiten Weltkrieges bot er der britischen Regierung für drei Millionen Dollar eine elektrische Strahlenwaffe an, mit der das Inselreich zu Lande, Luft und Wasser gegen alle Angriffe geschützt wäre. Der Rücktritt Chamberlains machte dieses Projekt jedoch zunichte. Dagegen interessierte sich die Sowjetunion sehr für Teslas Angebote und testete 1939 auch einen Teil dieser Waffe. In seinen letzten Jahren ist von weiteren Geheimwaffen und kosmischen Energien die Rede, was so manche Verschwörungstheoretiker auf den Plan gerufen hat: haben die Politiker Tesla unterdrückt, seine Pläne verschwiegen, vernichtet oder verkauft? Sicher ist wohl, daß das amerikanische Verteidigungsministerium viele seiner Papiere an sich genommen und eine Reihe von Waffentests durchgeführt hat. Heute sagen manche, seine Ideen seien das Vorbild für Ronald Reagans SDI (Star Wars) Programm gewesen. Die Geheimnisse, die ihn bis heute umgeben, haben mit seinen fulminanten Gedanken zu tun und den Mächten, die um diese konkurrieren. Der Kalte Krieg tat das seine dazu, diese Legenden zu verdichten. Elemente seines Denkens finden sich in der Mikrowelle ebenso wie in der Ionosphärenforschung, also jener Region der Erdatmosphäre, durch die die Radiowellen übertragen werden. Diese Schicht wurde erst 1926 entdeckt, von Tesla aber schon um 1900 vorausgedacht. Die drahtlose Übertragung von Energie ist bis heute ein offenes Projekt und könnte für die Zukunft noch an Bedeutung gewinnen.

Am Ende seines Lebens lebte Tesla, obwohl verarmt, über seine Verhältnisse, in einer Hotelsuite, deren Nummer durch drei teilbar war (3327) und deren Rechnungen er nicht mehr bezahlen konnte. Er lebte hier allein mit seinen Ideen und seinen Tauben, die er auf der Straße oder im Park vor dem Tod gerettet hatte. Er baute ihnen Nester auf seinem Hotelfenster und eine kleine Taubendusche. Das Zimmer war voller Käfige. Mit einer weißen Taube verstand er sich so gut, daß man von einer telepathischen Beziehung reden darf. Gleichzeitig wuchs seine Angst vor Mikroben und Keimen ins Unendliche, und er mußte sich immer häufiger waschen. Zuvor war er aus einem anderen Hotel ausgewiesen worden wegen der hygienischen Verhältnisse, die seine Taubenwirtschaft darstellte. Er liebte das Kino und behauptete, seine besten Ideen seien ihm beim Anschauen von Western gekommen. Nach einem Unfall fieberte er und schickte einen Umschlag mit Geld an den lange verstorbenen Mark Twain. Danach klarte er auf und beriet Westinghouse, etwa sich im Bereich der Telegeodynamik zu engagieren: das Aufspüren von Mineralvorkommen durch Schwingungsmuster. Die heutige Geophysik arbeitet tatsächlich mit solchen akustischen Loten. 1943, im Alter von 86 Jahren starb er im Schlaf. Sein Sarg wurde mit einer jugoslawischen Fahne geschmückt.

Ein Freund, der amerikanische Autor Elmer Gertz, erzählte, daß Tesla immer ein Taschentuch bei sich trug, das er einst von Sarah Bernhardt erhalten hatte und das er niemals wusch. Tesla kannte Goethes gesamte Dichtung auswendig. Er sprach meist von Vögeln, Tauben und außersinnlicher Wahrnehmung. In Belgrad erinnert ein Museum an diesen visionären Erfinder.

Ein Wanderer in der vierten Dimension

Charles Howard Hinton

Im Jahre 1895 führt ein englischer Gentleman und Bastler seinen erstaunten Zuhörern eine Maschine vor, mit der man angeblich durch die Zeit reisen könne. Er beweist es ihnen, indem er von einer Reise in die Zukunft eine verwelkte Blume mitbringt. In einem kleinen Vortrag erklärt er dem Publikum, welche Theorie es ihm ermöglicht habe, eine Zeitmaschine zu bauen. Wir leben in drei räumlichen Dimensionen, aber ohne eine vierte Dimension, die der Dauer oder der Zeit, hätte der Raum keine Existenz. H. G. Wells' *Die Zeitmaschine* enthält eine der ersten Darstellungen der Zeit als einer vierten Dimension neben den drei räumlichen Achsen. Von nun an werden zahllose Fahrzeuge diese vierte Achse auf- und abfahren und der Literatur wie dem Kino die verblüffendsten Abenteuer darbieten. Auch dem wissenschaftlichen Weltbild, denn selbst Einsteins Relativitätstheorie ist ein solches Fahrzeug der Raumzeit.

So ist es schon konventionell geworden, in der Zeit die vierte Dimension zu sehen. Wir sollten aber nicht vergessen, daß es zuvor und daneben noch eine *räumliche* vierte Dimension gegeben hat und daß überhaupt noch viele weitere räumliche Dimensionen neben den drei bekannten von Höhe, Länge und Breite denkbar sind. Heute können Computer endlose Raumdimensionen errechnen und bildlich andeuten. Die vierte Dimension hat ihren Ursprung in der Mystik und Mathematik, und vielleicht ist es diese janusköpfige Herkunft, die sie so anregend für Literatur und Kunst gemacht hat.

Kaum ein anderer hat mehr dazu beigetragen, die vierte Dimension populär zu machen, als der Engländer Charles Howard Hinton. Wie sein Lebensthema selbst entzieht er sich den Augen der Biographen; gelegentlich möchte man zweifeln, daß es ihn gegeben hat. Es hilft auch nicht zu wissen, daß Jorge Luis Borges ihn bewundert und ediert hat, denn alles, was der Argentinier mit seinem Zauberstab berührt, wird auf eigentümliche Weise schattenhaft.

Jedenfalls wissen wir, daß er im Jahre 1853 in London geboren wurde. Sein Vater war James Hinton, der zunächst als Ohren-Chirurg tätig war, sich dann jedoch der Philosophie und der freien Liebe verschrieb. Er sah Christus als Erlöser der Männer, sich dagegen als den Erlöser der Frauen, und Christus beneidete er kein bißchen. Howard, der Sohn, heiratete 1877, nachdem er in Oxford studiert hatte, Mary Boole, die Tochter des großen Mathematikers George Boole. Mit George Booles algebraischer Logik werden wir heute konfrontiert, wenn wir Suchbegriffe im Internet verknüpfen wollen. Hinton unterrichtete zunächst Naturwissenschaften an einer Schule und arbeitete an einem Abschluß in Mathematik. Nicht zufrieden mit seinem Schicksal in einer dreidimensionalen Welt begann er sich vorzustellen, wie eine vierte räumliche Dimension aussehen könnte.

Eine ähnliche Unzufriedenheit, vielleicht der Einfluß seines freidenkerischen Vaters, scheint ihn auch in andere Dimensionen der Partnerschaft getrieben zu haben. Er legte sich eine Geliebte zu, Maude Weldon, verbrachte eine Woche in einem Londoner Hotel und zeugte Zwillinge mit ihr. An der Schule hielt man sie eine Zeitlang für seine Schwester, doch dann kam die Wahrheit heraus. Er wurde wegen Bigamie vor Gericht gestellt und symbolisch zu drei Tagen Haft verurteilt. Das war das Ende seiner Karriere in England. Hinton verschwand mitsamt seiner Familie. Borges, in seinem Vorwort zu den Erzählungen Hintons, bricht an dieser Stelle seinen biographischen Bericht ab und deutet einen Selbstmord an, wahrscheinlicher aber sei wohl, daß «unser ungreifbarer Freund in jene vierte Dimension» entwichen sei, zu der er nach eigenen Angaben mittels verbissener Selbstdisziplin einen Zugang gehabt habe. Hinton hinterließ eine Adresse in London, wo Interessenten gegen ein kleines Entgelt hölzerne Puzzles erstehen konnten. Mit diesen Holzklötzen, so verriet eine Gebrauchsanweisung, sollte man Pyramiden, Prismen oder Zylinder zusammensetzen, sie nach Farben, Namen und Flächen anordnen. Dann sollte man ihre Anordnung auswendig lernen. Einer seiner Biographen bestellte sich das Spiel und war enttäuscht. Borges deutet das Puzzle sowie die Romanzen, die Hinton hinterließ, als einen Kunstgriff, mit dem sich der Autor einem glücklosen Schicksal entzogen habe – ein Trick, den man bei allen Schaffenden vermuten könne. Nun kann es gut sein, daß Borges den Engländer hat verschwinden lassen. Die Biographen berichten aber über sein Fortleben, auch wenn es nicht derselbe Hinton gewesen sein sollte. Jedenfalls wissen wir, daß ein Mensch dieses Namens mit Frau und Kindern England verließ und nach Yokohama kam. Dort ließ er sich nieder und wurde Lehrer an einer Mittelschule. Man vermutet, daß er in der phantastischen Romanze *Stella* das Leben mit zwei Frauen verarbeitet hat. Stella ist darin ein Mädchen, das von einem väterlichen Freund unsichtbar gemacht wird, damit sie sich nicht in die Welt der sinnlichen Gelüste verfange. Sie findet aber trotz dieser Vorkehrung einen Liebhaber, für den sie sich kleidet und schminkt.

Einige Jahre später tauchte Hinton in den USA auf. An der Universität von Princeton wird er Dozent für Mathematik. Hier erfand er die Baseball-Kanone, eine Erfindung, die ihm eine gewisse Unsterblichkeit sicherte. Mit dieser Maschine konnten die Sportler von Princeton das Schlagen schneller Bälle üben, denn die Kanone schoß mit einer Geschwindigkeit von über 100 Stundenkilometern Bälle auf das Feld. Um sie der Universität vorzustellen, lud er die Kollegen und Studenten zu einer Vorlesung ein, in der er die Maschine vorführen und ihre physikalische Bedeutung erklären wollte. Da kam ein Expreßbote in die Vorlesung gelaufen und unterbrach den Professor bei seinen Darlegungen. Angeblich brachte er einen wichtigen Brief, in Wirklichkeit handelte es sich um einen studentischen Ulk. Hinton war erbost über die Unterbrechung, konnte den Boten aber nicht zum Schweigen bringen. Daraufhin öffnete er den Brief und las ihn laut vor. Nach drei Seiten Vorlesen bemerkten die Studenten, daß diesmal sie es waren, die dem Professor auf den Leim gegangen waren. In dem Brief wurde ein Baseballspiel aus dem Jahre 1950 beschrieben.

Warum Hinton auch Princeton verlassen mußte, wissen wir nicht. Vielleicht war er kein guter Lehrer, vielleicht hatte ihn sein zweifelhafter Ruf eingeholt. Er ging an die Universität von Minnesota, dann arbeitete er an einem Marine-Observatorium und am Patentamt in Washington. Seine Frau, mit der er vier Söhne hatte, hielt Vorträge über Lyrik. Hinton starb mit 54 Jahren bei einem Bankett der Philanthropic Society. Er brach zusammen, als er gerade einen Toast auf weibliche Philosophen aussprechen wollte.

Hinton beschäftigte sich mit Dingen, deren Wesen auf ihn übergriff. Er war nicht zu trennen von seinem Denken über Dimensionen. Für seine Zeitgenossen und uns Nachfahren entwickelte er eine gedankliche Gymnastik, eine Art mentales Yoga, mit dem man sich in höhere Welten hineindenken konnte. Dazu sollte auch das etwas erfolglose Puzzle beitragen, das in London hinterlegt worden war. Die Idee ist diese: Stellen wir uns vor, wir wären zweidimensionale Wesen, etwa eine Tischplatte. Wenn nun dreidimensionale Formen sich mit dieser Fläche schneiden, hinterlassen sie jeweils spezifische Eindrücke. Je nachdem wie ein Würfel oder eine Kugel durch die Tischplatte schneiden, bringen sie verschiedene zweidimensionale Schnittflächen hervor. Hinton übertrug dies auf die vierte Dimension. Wenn vierdimensionale Objekte unsere Wirklichkeit durchlaufen, können wir sie nur in Form von dreidimensionalen Objekten sehen. Er machte nun Vorschläge, wie man sich aus dreidimensionalen Gestalten die dazugehörende vierdimensionale Form vorstellen könnte. Ein Würfel etwa hätte in der vierten Dimension die Form eines Tesseracts, eines kreuzähnlichen Gebildes. So empfiehlt er seinen Lesern, zur Erlangung höherer Weisheit solche Gymnastik in der vierten Dimension zu betreiben. Er selbst hatte sich in seinen Jahren als Lehrer an englischen Schulen vielleicht aus Langeweile, vielleicht aus einem verzweifelten Wunsch, sein Gehirn zu schulen, einige denkwürdige mentale Fähigkeiten beigebracht. Er lernte zum Beispiel 36 × 36 × 36 Würfel zu einem Block zusammenzusetzen und begann nun, deren Positionen in dem Block auswendig zu lernen, nämlich von genau 46 656 Würfeln. Später nahm er sich noch die Würfelseiten vor und ihre Orientierung. Dabei legte er für jede Position Namen fest. All dies geschah im Kopf von Charles Hinton, der von seinem Vater ein enormes Gedächtnis geerbt hatte.

Das Auswendiglernen von Positionen hatte folgenden Sinn: Solange ich von einem Würfel sage, er liege hinter oder vor einem anderen, so lange ist er auf den Beobachter ausgerichtet. Hinton wollte den Beobachter, das Selbst, eliminieren, so wie dies auch in der Meditation und im Yoga geschieht. Er publizierte mehrere Artikel über diese Denkübungen und über die vierte Dimension, die ihnen erfreuliche Komplikationen hinzufügte. Sein erster Artikel hatte den Titel: «Was ist die Vierte Dimension? Gespenster erklärt». Ähnlich wie Nietzsche glaubte er an die ewige Wiederkehr und sah das Leben wie ein Grammophon, das immer wieder dieselben Melodien, wenn auch leicht verändert, abspielt. In Minnesota hielt er einen Vortrag mit dem Titel «Doppelte Persönlichkeit – Wer bin ich?». Seine Leser waren nicht immer erfreut über die von ihm empfohlenen gedanklichen Übungen. Ein Leser schrieb, es handele sich um «total den Geist zerstörende Exerzitien». So unfaßbar uns Hinton bleibt, so wirkungsvoll ist doch sein System geworden. Er wurde von Okkultisten und Theosophen hochgeschätzt, die ihrerseits auf der Suche nach einer Synthese von Naturwissenschaft und Mystik waren. So gelangten seine Schriften und Abbildungen auch in die Hände jener modernen Künstler, die sich für den Okkultismus eines Ouspensky oder Gurdjieff interessierten, also etwa Kandinsky, Mondrian, Kupka oder Malewitsch. Schaut man sich ihre abstrakten Werke an, so tauchen unvermittelt Erinnerungen an die merkwürdigen Würfel des Engländers auf. Salvador Dalí gar kreuzigte Jesus Christus an einem Tesseract.

Wir sollten hinzufügen, daß nicht allein das Lernen im Mittelpunkt des Werkes von Charles Hinton stand, sondern auch das Vergessen. Diesem widmete er seine Geschichte «An Unfinished Communication». Hier bietet ein Mr. Smith auf einer Werbetafel seine Dienste an, die darin bestehen, den Leuten das Vergessen beizubringen. Der Erzähler, der das Schild sieht, schöpft neue Hoffnung. Als erstes möchte er die Grammatik vergessen, dann seine philosophischen Vorlesungen; schließlich fände er es auch angenehm, den Darwinismus zu vergessen, desgleichen die Astronomie und die Physik. Wir dürfen vermuten, daß er auch seine vierdimensionalen Gestalten gern dem Vergessen überlassen hätte.

Das Zeitalter der Strahlungen beginnt

Marie Curie

Marie Curie steht für die völlige Hingabe an die Wissenschaft und den Fortschritt. Sie ist auch ein Beispiel für den Erfolg der Frauen in den Naturwissenschaften und den ausdauernden Kampf gegen die Ungerechtigkeit der geschlechtlichen Rollenverteilung, nicht zuletzt weil sie als erste und bislang einzige Frau zweimal den Nobelpreis erhielt. Sie steht überdies für die Freiheit Polens und für die Leistung polnischer Intellektueller außerhalb ihres Landes.

Zugleich hat sie eine gefährliche Tür geöffnet, die Welt der strahlenden Materie. Bis heute wissen wir nicht genau, was aus dieser Welt auf uns noch zukommen wird. Die größte Rationalistin wird an dieser Schwelle zur Märchenfigur: für manche zur Hexe, für andere zum Opfer des wissenschaftlichen Fortschritts selbst.

Marie Curie wurde 1867 unter dem Namen Maria Sklodowska in Warschau geboren. Polen war unter dem russischen Joch, viele emigrierten oder waren deportiert worden. Sie wuchs in ärmlichen Verhältnissen auf, obwohl die Eltern im Schulwesen tätig waren. Die Mutter starb, als Marie zehn Jahre alt war. So mußte die Tochter früh mit für den Lebensunterhalt der Familie aufkommen. Trotz aller Sorgen nahm sie früh den Kontakt mit den Wissenschaften auf. Sie nahm teil an den Aktivitäten der sogenannten «Fliegenden Universität», die, im Untergrund operierend, den Polen die ihnen verbotene Ausbildung vermittelte. Sie steht um sechs auf und geht den ganzen Tag lang ihren vielen Verpflichtungen nach; doch abends ab neun stürzt sie sich in die Bücher. Sie liest Soziologie auf französisch, Anatomie auf russisch, Marx auf deutsch, Lyrik auf polnisch. Es ist die Wissenschaft, die sie am Leben erhält, die ihr den Impuls gibt, unter den widrigsten Umständen weiterzumachen. So wird es ihr Leben lang sein.

War sie exzentrisch? Sicherlich nicht im landläufigen Sinn: keine Ticks, keine Extravaganzen, nur eine unerhörte Begabung, Intelligenz und mentale körperliche Hartnäckigkeit. Als sie vier Jahre alt war, mußten die Verwandten erstaunt feststellen, daß sie schon lesen konnte. Die Eltern waren perplex, und Maria glaubte sich entschuldigen zu müssen: «Nicht böse sein, es ist nicht meine Schuld ... Das kommt davon, weil es so einfach ist.»

Mit 24 kam sie nach Paris, wo ihre Schwester wohnte. Hier begann sie zu studieren. In Paris, so schreibt ein Biograph, löste das Wort *étudiante* ein ähnliches Augenzwinkern hervor wie heute das Wort «Model». Es hatte etwas Demütigendes. Desungeachtet verfolgte Marie ihre Studien an der Sorbonne. Sie hörte Mathematik, Biologie und Physik bei den größten Wissenschaftlern, etwa bei Henri Poincaré. In Physik schnitt sie als Jahrgangsbeste ab, in Mathematik als zweite. 1894 lernte sie einen bescheidenen Menschen kennen, der den Wissenschaften ebenso ergeben war wie sie: Pierre Curie. Sie heirateten bald, Marie gab ihren Plan auf, nach Polen zurückzukehren. Beide forschten im Bereich Magnetismus, der sie auch zusammenbrachte. Sie waren sich zeitlebens geistig und emotional sehr nah. Als Hochzeitsgeschenk erhielten sie zwei Fahrräder, mit denen sie forthin in Urlaub fuhren. 1897 kam das erste Kind zur Welt, die Tochter Irène. Trotz Schwangerschaft und Baby gab Marie die Wissenschaft nicht auf. Sie schrieb an einem grundlegenden Manuskript zur Physik, während sie sich täglich Notizen über die Fortschritte des Kindes machte: «Sie fremdelt nicht mehr. Sie singt viel. Sie klettert auf den Tisch.»

Dieses grundlegende Manuskript beschäftigt sich mit einer neuen Art von Strahlung. 1896 hatte Henri Becquerel merkwürdige Strahlen entdeckt, die von uranhaltigen Substanzen ausgingen. Niemand wußte, wie man diese Strahlen erklären sollte. Zusammen mit den im Jahr zuvor entdeckten Röntgenstrahlen erschlossen sie eine Welt unterhalb oder gar jenseits der Materie. Was für die Romantiker die Elektrizität war, war die Radioaktivität für die Jahrhundertwende. Das Phänomen paßte sehr gut in eine menschliche Vorstellung, die schon immer Strahlen und Lichterscheinung mit transzendenten Ursprüngen, mit dem Göttlichen und Übernatürlichen, verknüpft hatte. Das Übernatürliche war für die Curies aber nicht von Interesse. Es war auch nicht nur die immer vorwärts drängende Neugier. 1933, ein Jahr vor ihrem Tod, sagte sie auf einer Podiumsdiskussion: «Ich gehöre zu denen, die die besondere Schönheit des wissenschaftlichen Forschens erfaßt haben. Ein Gelehrter in seinem Laboratorium ist nicht nur ein Techniker; er steht auch vor den Naturgesetzen wie ein Kind vor der Märchenwelt.»

Die Curies wollten wissen, was es mit dieser neuen Strahlung auf sich hatte. Sie fanden heraus, daß diese Strahlung aus der Materie, den Atomen selbst kommt; daß sie also eine Art Schlüssel für die Welt des Atomaren darstellt. Und in dieser Welt herrschen andere Gesetze, als man sie sich bislang errechnet hatte. Wenn Strahlung mit dem Zerfall von Elementen, mit ihrer Umwandlung zu tun hatte, dann gab es keine Stabilität mehr, nicht einmal in den Fundamenten der Materie, oder man müßte Stabilität neu definieren. Mit der Zeit bestätigte sich der Verdacht, daß nicht nur das Uran strahlte, sondern daß auch weitere Substanzen, noch unbekannte Elemente, diese Eigenschaft hatten. 1898 stellt Marie Curie die Hypothese auf, daß die Pechblende ein neues Element enthält, das noch stärker strahlt als Uran.

Nun geht es wieder in die Welt des Märchens und der Magie hinein. Durch Vermittlung eines österreichischen Kollegen kann Curie kiloweise das Abfallprodukt Pechblende aus den Joachimsthaler Bergwerken in Böhmen beziehen. In einem undichten Schuppen, in dem es ständig zieht und naß ist, rührt und wässert sie nun jahrelang Berge dieses Abfalls, trägt Eimer, trennt, schüttelt und mischt wie eine Alchimistin, um immer reinere Substanzen zu erhalten. Am Ende dieser Arbeit am Hexenbrau steht die Entdeckung des Elementes Radium. Es strahlt weitaus intensiver als das Uran. Der Leipziger Chemiker Wilhelm Ostwald besuchte sie in dieser Zeit und schrieb über das Labor: «Es war eine Kreuzung zwischen Stall und Kartoffelkeller, und wenn ich nicht die chemischen Apparate auf dem Arbeitstisch gesehen hätte, hätte ich das Ganze für einen Witz gehalten.»

Die Curies entdeckten ein weiteres Element, das sie Polonium nannten, nach dem Vaterland Maries. Paul Strathern schreibt: «Elemente wurden nach Individuen, Planeten und selbst einem Hund benannt. Polen ist eines der wenigen Länder, das dieser Auszeichnung teilhaftig wurde. Das geschah zu einer Zeit, als der Name Polen von den Landkarten zu verschwinden drohte.» 1898 benutzte Marie Curie erstmals das Wort «Radioaktivität» für die emittierte Strahlung.

Die langen Arbeitsstunden im Schuppen hatten beide als sehr glückliche Zeit empfunden. Daß sie schon damals verstrahlt wurden, konnten sie nicht ahnen, obwohl sie die Reaktionen der Haut bei Verletzungen, die nicht heilen wollten, genau studierten. 1903 wurde dem Ehepaar Curie zusammen mit Henri Becquerel der Nobelpreis für Physik verliehen. Kurz darauf gebar sie, mit 37 Jahren, ihre zweite Tochter, Eve, die einmal ihre Biographie schreiben sollte. 1906 geschah das für Marie Unfaßliche: Pierre wurde von einer Kutsche überfahren, mitten in Paris, vermutlich weil er wieder in Gedanken versunken über die Straße ging. Marie begann Dialoge mit ihm in ihrem Arbeitsheft zu führen. Im selben Jahr wurde sie Professorin an der Sorbonne und hielt als erste Frau überhaupt an dieser Universität eine Vorlesung.

Sie war auf dem Gipfel ihres Ruhmes angelangt, als sie von der Liebe eingeholt wurde. Sie ging eine Beziehung mit dem unglücklich verheirateten Physiker Bernard Langevin ein. Dies führte zu einer Schlammschlacht der konservativen Presse, die sowohl die erfolgreiche Frau als auch die Ausländerin bestrafen wollte – fast eine Wiederholung der Dreyfus-Affäre. Frau Langevin drohte, Curie umzubringen. Es kam zu einem Duell zwischen Langevin und einem Zeitungsherausgeber, das für beide glimpflich ausging, aber Marie Curies Ruf war im ganzen konservativen Europa beschmutzt. Und soeben war ihr erneut ein Nobelpreis verliehen worden, diesmal für Chemie. Das Komitee legte ihr nahe, in Anbetracht der Umstände doch auf den Preis zu verzichten. Auch diesmal zeigte Curie Charakter. Sie schrieb einen nüchternen Brief, in dem sie schlicht festhielt, daß man Wissenschaft und Privatleben auseinanderhalten solle. Sie fuhr nach Stockholm und nahm die Ehrung an.

Ihre Gesundheit war inzwischen stark angeschlagen, nicht nur durch den Skandal, sondern auch durch den ständigen Umgang mit radioaktiven Strahlen. Man ahnte damals noch nicht, was sich an Gefahren in ihnen verbarg. Statt dessen setzte alles auf den Fortschritt. Radium diente erstens zu Leuchteffekten, etwa bei den ersten Armbanduhren, die im Ersten Weltkrieg an die Soldaten verteilt wurden. Überall, wo es dunkel war, begannen Radiumlichter zu leuchten: auf Theaterplätzen, im Bergbau, auf Fischködern, in den Augen von Stofftieren oder auf der Bühne. Die amerikanische Tänzerin Loie Fuller konzipierte ihren leuchtend beschwingten Radium Dance, den sie einmal aus Dank vor Marie Curie selbst tanzte. Zweitens erhoffte man sich gigantische Energiereserven in dieser Substanz, denn obwohl sie strahlte, schien die Energie nie abzunehmen. Man stellte sich ganze radiumgetriebene Flotten vor, die die Welt mit einem Gramm des Stoffes umfahren würden. Zum dritten glaubte man unbedingt an die Heilkraft von Radioaktivität. Nicht nur Krankheiten wie Krebs sollten damit zu besiegen sein, sondern das Alter selbst. Radium wurde Schokoriegeln oder Zahnpasten beigemischt, um entsprechende Effekte zu erzielen. Zwar warnte man hier und da schon vor einem übermäßigen Gebrauch, doch kam es erst in den zwanziger Jahren zu einer Wende in der Bewertung. Arbeiterinnen, die in einer Fabrik in New Jersey Leuchtfarben auftrugen und dazu immer die Pinsel mit dem Mund befeuchten mußten, erkrankten eindeutig an Schäden durch Strahlung. Marie Curie wollte bis zum Schluß nicht an die schädliche Seite von Radioaktivität glauben.

Im Ersten Weltkrieg entwickelte sie sich zu einer Art wissenschaftlich-medizinischer Jeanne d'Arc. Sie richtete gut 200 fahrbare Röntgenstationen, *les petites curies*, ein und war unermüdlich mit ihrer Tochter im Einsatz.

Drei Jahre nach Kriegsende, 1921, sehen wir sie noch einmal in einer märchenhaften Szene. Sie begibt sich auf ihre erste offizielle Tour in die Vereinigten Staaten, und diese Reise wird zu einem einzigen Triumphzug. Einer amerikanischen Journalistin war es gelungen, Marie Curie aus ihrer Zurückgezogenheit herauszulocken. Es ging um Radium. Frankreich besaß ein einziges Gramm von dieser wertvollsten aller Substanzen. Ein Gramm kostete etwa 100 000 Dollar. Mit einem zweiten Gramm ließe sich so viel zum Wohle der Menschheit, Frankreichs und Polens machen. Die Vereinigten Staaten hatten damals schon etwa fünfzig Gramm. Die Journalistin versprach, Amerika zu mobilisieren. So kam es zu dieser von der Presse gefeierten Reise durch die Vereinigten Staaten auf der Suche nach einem Gramm. Marie Curie erhielt mehrere Ehrendoktorate, Mädchen mit Fähnchen standen winkend Spalier, Frauenvereine paradierten an ihr vorbei. Ein Blumenzüchter schenkte ihr einen Berg Rosen, denn er wurde durch das Radium von seinem Krebs geheilt. Schließlich übergab ihr Präsident Harding eine Schatulle mit einem Schlüssel. In dieser Schatulle war das ersehnte Gramm Radium, oder vielmehr eine Replik. Ein ganzer Kontinent, so schreibt später die Tochter Eve, mußte in Bewegung gesetzt werden, um den Wunderstoff zu bekommen. Marie Curies Kampf um das Radium erinnert an die Aufgaben, die die Märchenhelden und Heldinnen lösen, an die gläsernen Berge von Widerstand, die sie übersteigen, die vieläugigen Ungeheuer, die sie besiegen müssen – um jenes Elixier zu bekommen, jenen geheimnisvollen Trank, der Erlösung verspricht, Ordnung und Heil.

Ein letztes Bild: Im Jahre 1902 klopft ein alter Mann an die Tür des Laboratoriums der Curies in der Rue Lhomond. Er möchte mit den beiden Wissenschaftlern sprechen. Der Siebzigjährige ist einer der Größten seiner Zeit, der russische Chemiker Dimitrij Iwanowitsch Mendelejew, der Entdecker des periodischen Systems, in dem alle bekannten Elemente nach ihrem Atomgewicht einen Platz erhalten. Was ihn zutiefst verstört, ist die Vorstellung, daß die Elemente nicht mehr stabil sein sollen, daß sie zerfallen und sich wandeln können. Was die Curies da machen, so notiert er nach dem Besuch in seinem Tagebuch, hat etwas mit Spiritismus und Okkultismus zu tun. Das 19. Jahrhundert steht kopflos vor dem 20. Jahrhundert; es versteht die Welt nicht mehr. Die Familie Curie, der Nobelpreis und die Radioaktivität sind im übrigen eine tiefe Beziehung eingegangen. Maries Tochter Irène heiratete den Physiker Frédéric Joliot. Die beiden entdeckten eine weitere Form von Radioaktivität: die künstliche, und dafür erhielten sie ebenfalls den Nobelpreis. «Curie» wurde eine Maßeinheit benannt, die die Aktivität von radioaktiven Substanzen bezeichnet; sie galt bis 1985. Marie Curie starb 1934 wahrscheinlich an «der langzeitigen Anhäufung von Strahlen», wie der Arzt feststellte.

Ihre Arbeitsbücher sind bis heute radioaktiv verseucht. Einstein, der mit ihr befreundet war, hielt sie für den einzigen Menschen, der nicht durch Ruhm verdorben worden sei.

Sherlock Holmes und die Elfen

Sir Arthur Conan Doyle

Es ist nicht einer der geringsten Vorzüge der Geschichten um Sherlock Holmes, daß sie sich oft zu aphoristischen Perlen verdichten, die man gerne weiterverwendet. «Ich bin ein Gehirn, Watson. Der Rest von mir ist bloßes Anhängsel», läßt der Detektiv einmal verlauten. Als Gehirn ist er wie sein Vorgänger, E. A. Poes Dupin, ein Vertreter des schärfsten Rationalismus. Jede Form des Aberglaubens, jedes übernatürliche Phänomen wird als nur scheinbar entlarvt. Der Hund von Baskerville ist kein dämonisches Ungeheuer, sondern ein Hund. Als Conan Doyle, ein in Südengland praktizierender Arzt, die Denkmaschine Holmes in die Welt setzte, ahnte er nicht, welche Erfolge sie ihm einbringen würde; allerdings auch nicht die Belastungen. Nach vielen scharfsinnigen Geschichten wurde er des Detektivs überdrüssig und ließ ihn in einem denkwürdigen Duell mit seinem Todfeind, Prof. Moriarty, an den Reichenbachfällen in der Schweiz verschwinden. Jahre zuvor hatte Doyle hier noch das nordische Skifahren eingeführt. Doch das Publikum wollte sich nicht an den Tod von Sherlock Holmes gewöhnen und rief nach mehr. Zehn Jahre später ließ Doyle ihn noch einmal auferstehen: die höchste Form der Rationalität hatte sich wieder dem Übernatürlichen angenähert. Es gilt hier ein Paradox zu lösen. Kennt man nur die Geschichten um Holmes, so müßte man denken, der Autor selbst sei ein Verfechter von Wissenschaft und Vernunft. Das war er sicher auch, doch zugleich beschäftigte er sich mit den übernatürlichen Dingen am Rande der Wissenschaft.

Er kam aus einer schottischen Familie, sein Vater war zeitweise Alkoholiker, sein Onkel Richard Doyle ein anerkannter Zeichner und Maler von Elfen, der allerdings in der Heilanstalt endete. Keltische Phantasie, Glaube und Aberglauben durchwirkten die Tradition im Hause; Geisteskrankheit drohte als Gefahr. Diese Konstellation führte bei Arthur Conan zu einem geschärften Sinn für alles Psychische. Nicht selten bewährt sich auch sein Detektiv als Kenner der menschlichen Psyche, als Vorläufer von Sigmund Freud, wenn seine Klienten erst einmal auf seiner Couch Platz nehmen und ihren Fall darlegen. Wie der Psychoanalytiker achtet der Detektiv auf die Symptome der alltäglichen Pathologie. Daß Doyle sich früh auch für spiritistische Phänomene wie Spukhäuser, Trancen, Medien und Séancen interessierte, war um die Jahrhundertwende nicht ungewöhnlich, zumal auf den britischen Inseln. Auch große Wissenschaftler wie die Physiker Sir William Crookes und Sir Oliver Lodge oder der Biologe und Mitentdecker der Evolution A. R. Wallace beschäftigten sich ernsthaft mit dem Paranormalen. Seit im Jahre 1848 in dem amerikanischen Städtchen Hydesville, New York, die Geschwister Fox das Klopfen von Geistern gehört hatten, hatte sich eine Welle spiritistischer Begeisterung über die gesamte westliche Welt ausgebreitet. Es gehörte zum guten Ton, an einer Séance teilgenommen zu haben. Der Okkultismus verkörperte sich auch in neuen religiösen Sekten und esoterischen Schulen wie der Theosophie.

Conan Doyle war zunächst interessiert, blieb aber skeptisch. Doch während des Ersten Weltkriegs änderte sich seine Einstellung, wie übrigens bei vielen anderen. Über dem Schlachtfeld von Mons wollten englische Truppen gigantische Engel gesehen haben, während die Russen Visionen von der Madonna hatten. Der Krieg hatte plötzlich fast alle Europäer mit dem Tod konfrontiert. Das Leiden brachte viele Menschen dazu, an ein Fortleben nach dem Tod zu glauben; zugleich entstand oft der Wunsch, mit den Toten Kontakt aufzunehmen. Auch die Doyles hatten viele Verluste in ihrem Umkreis zu beklagen. Eine Bekannte von Doyle, Lily Loder-Symonds, hatte mediumistische Fähigkeiten und überbrachte Nachrichten von dreien ihrer gefallenen Brüder. Doyle war immer kritisch gewesen, aber das vorliegende Ereignis stimmte ihn um. Nun glaubte er an ein Leben nach dem Tode. Als es ihm 1919 selbst gelang, mit seinem gefallenen Sohn Kingsley in Kontakt zu treten, war der Durchbruch in diese geistige Welt für ihn vollzogen. Von nun an sah er sich als Missionar für das neue Wissen von einer geistigen Welt, die sich zunehmend manifestieren sollte. Er dokumentierte zahlreiche Fälle solcher Kontakte, von Materialisationen und Botschaften, die von Medien in Trance gestammelt wurden, setzte sich aber auch mit den vielen Schwindlern und Scharlatanen auseinander, die diesen Verkehr mit der anderen Welt in Verruf brachten.

Er sammelte und untersuchte Fotos, auf denen merkwürdige Erscheinungen gebannt waren: lang Verstorbene tauchten mitten im Bild auf. Am sonderbarsten war das Foto, das bei einer großen Versammlung zum Gedenken an die Toten des Krieges am 11. November 1922 in Whitehall von dem Medium Mrs. Deane gemacht wurde. Auf diesem Bild schweben Gesichter über der Menge, von Doyle und anderen schnell als die von gefallenen Soldaten ausgemacht. Als man in ihnen zwei Jahre später die Gesichter von lebenden Fußballspielern und Sportlern identifizierte, wollte Conan Doyle dies nicht wahrhaben und veranlaßte weitere Untersuchungen. Solche Rückschläge gab es immer, und wenn sie auch seine Gegner mit Schadenfreude erfüllten, so ließ er doch nicht ab in seiner Kampagne für die Offenbarung einer geistigen Welt. Er war kämpferisch und forderte immer wieder das materialistische Establishment heraus. Er ging auf anstrengende Vortragsreisen in Europa, Amerika und Australien und sprach oft vor Tausenden. In öffentlichen Debatten mit Rationalisten und Atheisten schlug er sich souverän, was selbst seine Gegner anerkannten. Insbesondere in einer Debatte mit dem scharfzüngigen Kritiker John McCabe am 11. März 1920 in der Londoner Queen's Hall hatte sich Conan Doyle tapfer und kenntnisreich behaupten können, was seine Stellung um einiges festigte. Dann geschah etwas, das ihn fast seinen Ruf gekostet hätte: die Elfen stellten ihm ein Bein. Am Ende der Affäre konnte man Schlagzeilen lesen wie: «Poor Sherlock Holmes, Hopelessly Crazy?»

Es hatte alles 1917, drei Jahre zuvor, in einem einsamen Tal in Yorkshire begonnen, im Dorf Cottingley – nicht der schlechteste Schauplatz für eine kleine Holmes-Geschichte. Die sechzehnjährige Elsie Wright lieh sich eines schönen Sommertags die neue Kamera ihres Vaters aus und ging mit ihrer zehnjährigen Kusine Frances Griffiths an den Fluß hinter ihrem Haus, um, wie sie sagte, «die Elfen zu fotografieren». Der gute Vater gab ihnen die Kamera und dachte nicht weiter darüber nach, da die Mädchen schon öfter von diesen Elfen gesprochen hatten. Eine Stunde später kehrten die beiden in bester Laune zurück. Als der Vater abends das Negativ auf der Glasplatte entwickelte, trat ihm ein merkwürdiges Bild entgegen. Elsie, die dabei war, rief aufgeregt zu ihrer Kusine: «Oh, Frances, die Elfen sind auf der Platte!» Auf dem Bild war die kleine Frances zu sehen, die durch eine Gruppe von kleinen geflügelten

Wesen hindurchschaute. Zwei Monate später folgte ein weiteres Bild dieser Art. Vater Wright nahm es nicht sonderlich ernst, sondern sagte nur als nüchterner Mann aus Yorkshire: «Ihr führt da was im Schilde!»

Zwei Jahre darauf begann sich Elsies Mutter für die Theosophie zu interessieren, jene Glaubensrichtung, die Hinduismus und Buddhismus mit westlicher Evolutionslehre verbindet und durch die geheimnisvoll-umstrittene Russin Madame Blavatsky verkörpert wurde. Mrs. Wright ließ einem Theosophen gegenüber durchblicken, ihre Tochter habe da einmal Fotos von Elfen geschossen. Das war eine Nachricht, die auf fruchtbaren Boden fiel. 1920 meldete sich der theosophische Bauunternehmer Edward L. Gardner, der an Elfen und Kobolde glaubte, und bekundete großes Interesse an den Fotos. Bald hatte er Kopien von ihnen, die er, nach einigen Retuschen, auf seinen Dia-Vorträgen zeigte. Zufällig war Sir Arthur Conan Doyle zu dieser Zeit dabei, einen Artikel über Elfen für die Zeitschrift *The Strand* zu schreiben, als er von den Fotos hörte. Der Zufall schien ihm eine Bestätigung dafür zu sein, daß er auf der richtigen Fährte war. Gardner begann, ihn mit Hintergrundinformationen zu versorgen. Doyle ging auf eine lange Vortragsreise nach Australien und Neuseeland, blieb aber in ständigem Kontakt mit Gardner. Dieser sollte derweil den Fall überprüfen und fuhr nach Yorkshire.

Gardner trifft die Familie und ist von der Aufrichtigkeit angetan. Die Eltern sind ehrbare Leute, die Mädchen offen und ehrlich. Die Fotos legt er mehreren Experten vor, so einem Mr. Snelling, der schon seit Jahren im Fotogeschäft ist und bereits manchen Fälscher aufgedeckt hat. Mr. Snelling ist überzeugt, daß es sich bei den Fotos nicht um Fälschungen handelt. Gardner zeigt sie Fachleuten von Kodak, die sie für gelungen halten, sich aber nicht festlegen wollen. Sie behaupten, ähnliche Fotos produzieren zu können. Interessanterweise kommt Widerstand aus den Reihen der Spiritisten. Ein Medium namens Mr. Lancaster (Pseudonym) will hier eine Fälschung entdeckt haben. Er sieht auch einen kleinen Mann mit zurückgekämmten Haaren, der mit seinen Fotos den Mädchen eine Freude machen wollte; er könnte etwas mit Dänemark oder Los Angeles zu tun haben. Gardner glaubt, daß das Medium einer Täuschung erlegen sei, andererseits aber passe die Beschreibung auf eben jenen Mr. Snelling, den Experten. Gardner entdeckt in den Elfen eine parallele Evolution zur menschlichen, eine andere geistige Spezies, die mit Schmetterlingen und Motten verwandt sein könnte. Vielleicht, vermutet er, handelt es sich auch um die von den Theosophen beobachteten Gedankenbilder. Das könnte erklären, warum die Elfen so sehr jenen Vorstellungen gleichen, die wir uns von ihnen machen. Sie wären dann Materialisationen unserer Gedanken. Gardner macht sich geradezu zu einem Ethnologen der Elfenwelt: man kann ihre Kleidung und Kultur studieren wie die der Pygmäen oder Eskimos. Man achte nur auf die feinen Ornamente auf der Flöte! Die Wesen sind von subtilerer Materie als Gas, gehören zur Klasse der Lepidoptera und haben nur einen geringen Intellekt. Sie sind freudige Wesen und nehmen nur zeitweise menschliche Gestalt an. Sie strömen Emanationen aus, eine Erscheinung, an die bei den Menschen der Federschmuck der Indianer erinnert. Sie nehmen Nahrung durch den Atem auf, etwa den Duft von Blumen, und tauchen in magnetische Bäder. Menschlicher Geruch stößt sie ab. Geburt, Tod und Sex in unserem Sinne kennen sie nicht. Statt sexueller Fortpflanzung teilen sie sich lieber wie Einzeller. Ihre Sprache besteht aus Gesten und ist auf der Höhe von Kätzchen, Hündchen und Vögeln. Ihre höheren Ordnungen sind dem Menschen gegenüber feindlich eingestellt. In Zukunft, hofft er, werde es jedoch zu Kooperationen zwischen dem Menschen und den Elfen kommen. Man könne dies auch einen bewußteren Umgang mit Naturkräften nennen.

Während Doyle auf der Südhalbkugel doziert, kann sein Kollege von neuen Fotos berichten. Gut auch, denn die Mädchen, so Gardner, würden bald in die Pubertät kommen und verlören dann ihre psychischen Fähigkeiten. «Eine wird sich mal verlieben – und dann – schwupp!»

Conan Doyle, der die Vorgänge 1921 in seinem Buch *The Coming of the Fairies* dokumentiert, spricht von einem neuen Kontinent, von dem wir bislang nicht durch einen Ozean, sondern durch subtile psychische Wände getrennt waren. Es werde der Tag kommen, an dem wir mit «psychischen Brillen» jene Phänomene wahrnehmen könnten, die sich in einem anderen Schwingungsspektrum bewegen.

Die Öffentlichkeit ist aufgewacht und zeigt großes Interesse. Zeitungen bringen große Artikel oder schicken ihre Reporter nach Yorkshire. Den Wrights wird der Rummel zuviel, und sie wünschen sich, nie wieder etwas von diesen Elfenfotos zu hören. Kritiker stellen viele Fragen, zu viele. Doch Gardner und Doyle können sie alle beantworten. Warum zum Beispiel gibt es keine richtigen Schatten auf den Elfen? Sie gehören einer Ordnung von leicht leuchtenden Körpern an, ähnlich wie das Ektoplasma, jene weiße Masse, die in Séancen oft aus den Medien tritt. Warum schaut Elsie nicht auf die Elfen, sondern in die Kamera? Die Kamera ist zu diesem Zeitpunkt viel interessanter für sie als die Elfen, mit denen sie ja auf vertrautem Fuß steht. Auf einen Einwand gehen die beiden nicht ein, aber Doyle – darin ist er korrekt – gibt ihn zumindest wieder. Die Elfen tragen eine Kleidung, die an Pariser Tanzhallen erinnert. Auch der Haarschnitt ist verdächtig modern. Sie schwingen ihre Beine nach den neuesten Anweisungen aus Frankreich oder Kalifornien. Bei solcher Bewegungslust stellt sich auch die Frage, wieso die Bilder so gut geworden sind. Nur mit einer sehr teuren Ausrüstung hätte man solch bewegte Wesen ohne Unschärfen auf die Platte bannen können. Doch in dieser Hinsicht verlassen sich die beiden auf den besagten Herrn Snelling, der ja die technische Korrektheit der Fotos bestätigt hat.

Die Fragen drehen sich zusehends um die beiden Mädchen, über die Widersprüchliches an die Öffentlichkeit kommt. Es stellt sich etwa heraus, daß die Ältere in einem Fotoladen gearbeitet hat und jetzt in einer Manufaktur für Weihnachtskarten tätig ist. Außerdem ist es dubios, wenn Gardner die Sechzehnjährige als vorpubertär einstuft. Wiederum erscheint es den Verteidigern, daß es den beiden nicht möglich wäre, in einer halben Stunde solch perfekte Fälschungen zu produzieren. Ein Hellseher, der im Ersten Weltkrieg Panzer gefahren hat, geht nach Yorkshire, um die Dinge zu prüfen. Er schreitet mit den Mädchen durch das Tal und ist begeistert von ihrer Fähigkeit, Wassernymphen, Waldelfen, Wasserelfen und Kobolde zu sehen. Er kann das alles bestätigen, auch wenn er am Schluß noch ein unangenehmes elfisches Wesen antrifft. Ein Gentleman, dessen besonderes Hobby fotografische Fälschungen sind, schreibt, die Fotos seien zu achtzig Prozent echt. Man wirft die Fotos vergrößert auf eine Leinwand, und wiederum kann der erfahrene Spezialist keine Spuren von Scherenschnitt oder dergleichen finden. 1921 sollen neue Aufnahmen mit einer besseren Kamera gemacht werden, doch der Sommer ist verregnet. Aufgrund einer neu entdeckten Kohleader ist das Tal auch in seinem Magnetismus gestört. Zudem sind die Mädchen inzwischen zu sehr gereift; sie können nicht mehr richtig materialisieren, meint der Theosoph, sondern höchstens noch hellsehen.

Doyle sammelt Berichte aus der Vergangenheit und Gegenwart, zitiert zahlreiche Korrespondenten und erinnert an Volkslegenden. Ein Elfenjäger wohnt im New Forest in einer Hütte und äußert die Vermutung, daß es verschiedene Elfenrassen gebe. So sah es auch schon der Reverend Kirk im Jahre 1680, der von den Stämmen und der politischen Ordnung der Elfen redet. Der Seher mit dem Pseudonym Lancaster sieht in ihnen «spirituelle Affen»; es sind Kinder wie Peter Pan, der nicht erwachsen sein will. Deshalb sind es auch Kinder, die sie am besten wahrnehmen können, was ein Leser aus San Antonio, Texas, bestätigt. Ein Korrespondent namens – ja – Holmes berichtet vom Elfenwesen auf der Isle of Man. Aus Neuseeland kommt der Hinweis auf reitende Elfen. Warum aber, so Doyle, reiten sie auf Pferden und nicht auf Hunden? Die Frage muß offenbleiben. Weitere Zeugen melden sich, so Mr. J. Foot Young, der bekannte Rutengänger, oder Miss Eva Longbottom, eine charmante Vokalistin aus Bristol. In Australien trifft Conan Doyle Bischof Leadbeater, der mit Annie Besant zusammen die theosophische Vereinigung leitet, die einen Messias namens Krishnamurti gefunden hat. Leadbeater weiß mehr über die Elfen als alle anderen und kann endlich auch eine Antwort auf Doyles Frage geben, ob die Elfen sich wie die Menschen von Land zu Land unterscheiden. Sie lautet emphatisch: ja. Aus der langen Liste nationaler Besonderheiten seien nur die farbigen und tanzenden Elfen Siziliens erwähnt, die goldbraunen Schotten, die smaragdgrünen Engländer, Belgier und Franzosen, die indigo-metallic-farbenen Bewohner Javas, die rosa-hellgrünen indischen Elfen, die schwarzgoldenen der Wüste sowie die Riesenelfen Irlands.

Für Doyle blieb ein Rest an Ungewißheit in dieser Affäre, und er wandte sich lieber wieder dem Spiritismus und den Geisterfotografien zu. Hier fühlte er sich auf sicherem Terrain und veröffentlichte weitere Bücher, etwa über die Mitteilungen eines Geistes namens Pheneas, der große Katastrophen für Europa voraussagte. Gardner hielt an den Elfenfotos fest, und noch 1945 widmete er der Angelegenheit ein Buch. Am 9. März 1983 veröffentlichte die *Yorkshire Post* die Mitteilung Elsies, die Fotos seien von den beiden gefälscht worden. Warum hatte sie so lange mit dieser Offenbarung gewartet? Doyle und Gardner seien so liebenswerte Männer gewesen, daß man sie nicht hatte zum Narren halten wollen. Zu Lebzeiten beider konnte man nicht mit der Wahrheit herausrücken. Da Gardner gute 100 Jahre alt wurde, dauerte es mit der Enthüllung.

Wenn man sich heute die Fotos anschaut, ist man verwundert, wie solche doch recht primitiven Bilder die Welt so lange irreführen konnten. Man sieht förmlich, wie die Papierfiguren, die zum Teil aus *Princess Mary's Gift Book* von 1914 ausgeschnitten worden waren, mit Haarnadeln an die Pflanzen geheftet sind. Der stereotype Stil der Elfen ist aus heutiger Sicht sofort erkennbar. Auch nach der Enthüllung war die Affäre nicht beendet. 1994 sind zwei Filme darüber erschienen. Die Grenzen zwischen Realität und Fälschungsspuk sind dank der special effects noch schwerer zu bestimmen. Weitere Elfenfotos sind produziert worden und werden immer mal wieder von Zeitungen abgedruckt. Die Fotos mögen Fälschungen sein, was sich über die Elfen nicht ohne weiteres sagen läßt.

Der Rückblick läßt allerdings auch den Detektiv nicht mehr ganz unberührt von irrationalen Erscheinungen. War Holmes ein Bollwerk gegen die Ausdünstungen der Unvernunft und des Übernatürlichen, so zeigen sich auch undichte Stellen in dieser starken Wand. Er hat ja nicht nur gelegentlich Kokain genommen und sich von seiner Violine in unerkannte Sphären tragen lassen. Dr. Watson entdeckte in Holmes' Artikel «Das Buch des Lebens» ungereimte Absurditäten. Vergessen wir auch nicht, daß Holmes neben seinen Studien zu den 140 Arten von Tabakasche, zu Tätowierungen oder zur Bienenzucht auch unter dem norwegischen Pseudonym Sigerson den Bericht über einen zweijährigen Aufenthalt in Zentralasien, insbesondere Tibet, dem Heiligtum der Theosophie, hinterließ. Wir sollten die Vermutung wagen, daß Sherlock Holmes bei einem Lama in die Lehre gegangen ist.

Die Insel im Kopf

Santiago Ramón y Cajal

Die großen Erfolge, die Santiago Ramón y Cajal in der Erforschung des menschlichen Gehirns erzielte, verdankte er zu einem guten Teil seinem künstlerischen Talent. Er wurde 1852 in einem der ärmsten Landstriche Spaniens in dem Ort Petilla de Aragón geboren und starb 1934 in Madrid. Im selben Jahr erschien sein Buch *Die Welt mit den Augen eines Achtzigjährigen.* Zusammen mit dem Italiener Camillo Golgi erhielt er 1906 den Nobelpreis für Physiologie und Medizin. Seine Entdeckung war die Individualität der Gehirnzellen, die man zuvor für vernetzt gehalten hatte. Er erkannte, daß Neuronen unabhängige Zellen waren. Im Rückblick will es scheinen, als ob die Struktur des Gehirns auf ihren Entdecker gewartet hätte. Dieser mußte drei Dinge mitbringen: unabhängiges Denken, genaues Sehen und Phantasie. In dem Mann aus der spanischen Provinz vereinten sich diese drei Fähigkeiten genau zum richtigen Zeitpunkt der Wissenschaftsgeschichte.

Deutlicher als bei anderen spiegelt sich in seiner Kindheit vieles vor, was ihn später als Wissenschaftler auszeichnen wird. Deshalb wird diese Geschichte nicht weit über die Kindheit hinausreichen. Sein Vater hatte sich aus ärmlichsten Verhältnissen emporgearbeitet. Er war zu Fuß über dreihundert Kilometer nach Barcelona gegangen, um sich dort zum Chirurgen ausbilden zu lassen. Auch seinen Sohn wollte er als Arzt sehen. Diesem war der Vater der erste und wichtigste Lehrer. Er lehrte ihn unter anderem Französisch in einer Schäferhöhle. Der Sohn liebt die Vögel, er fängt sie aber auch und sammelt Vogeleier. Als er acht ist, schlägt der Blitz in die Schule ein. Das hinterläßt einen tiefen Eindruck auf ihn, denn der Pfarrer wird beim Glockenläuten erschlagen. Von diesem Zeitpunkt an sieht er in der Wissenschaft einen besseren Schutz gegen kosmische Mächte als in der Religion. Allezeit ist Santiago zu Streichen aufgelegt, er jagt Hühner ebenso wie Hunde und arbeitet mit einer furchterregenden Steinschleuder. Er interessiert sich außerdem für den

Krieg und die Heiligen und wird Bandenführer. Mit acht Jahren entdeckt er auch das Zeichnen. Von nun an kritzelt und malt er alles voll, was ihm unter die Hände kommt, vor allem Mauern und Wände. Kein Pardon auch den Lehrbüchern. Wie schade, denkt er, daß Grammatikbücher nicht nur aus Rändern bestehen. Wo er kann, kratzt er sich Farbe zusammen: von den Mauern und Wänden oder aus angefeuchtetem Zigarettenpapier. Er bringt es so weit in dieser Kunst, daß er das Porträt eines einäugigen Lehrers auf einer Mauer anbringt. Die Kameraden finden das Bild lustig und werfen Steine darauf, bis sie von dem Lehrer erwischt werden. Die Strafe trifft natürlich vor allem den Künstler. Als er nach einem derben Streich im Schulkarzer landet und dort nichts zu tun hat, beschäftigt er sich mit dem Lichteinfall und lernt das Prinzip der camera obscura kennen, die er sich dann auch bauen wird. Doch seine Kameraden finden das Ding langweilig. Später schreibt er einmal, wie merkwürdig es sei, daß die Menschen immer wieder Geschichten von Hexen und Heiligen, von Skandal und Sensation brauchen und das, was um sie herum ist, so langweilig finden. Und doch ist es gerade dieses Alltägliche, das die wahren Geheimnisse und Wunder birgt.

Gewehre und Pulver faszinieren ihn, er schießt auf Vögel und experimentiert mit Explosivstoffen auf dem Dach. Im Taubenschlag über seinem Haus richtet er sich ein Arbeitszimmer ein und nutzt dazu einen Beichtstuhl, den er sich umbaut. Zuhause sind ihm Bücher verboten, und so liest er heimlich Abenteuerromane. Doch von seinem Taubenschlag aus kann er beim Nachbarn hineinschauen und findet hinter dessen Fenstern eine Bibliothek mit den Klassikern: Hugo, Sue, Quevedo, Le Sage, Cervantes und Defoe. Frühmorgens dringt er nun heimlich in die Wohnung des Nachbarn ein und leiht sich dort nach und nach alle diese Meisterwerke aus. Sein Ideal ist Don Quijote, auch ein Freund von literarischen Meisterwerken. Sein Vater jedoch ist unzufrieden und steckt ihn zuerst in eine Friseurlehre, dann schickt er ihn zu einem Schuster. Santiago baut sich eine Kanone im Hof und schießt mit dicken Steinen auf das Gartentor des Nachbarn. Drei Tage muß er ins Gefängnis, doch als er wieder herauskommt, baut er sich die nächste Kanone. Als diese jedoch explodiert und er beinahe auf einem Auge erblindet, beschränkt er sich auf die alte Flinte seines Vaters, mit der er nun auf Jagd geht.

Neben dem Schwarzpulver entdeckt er die Photographie und beginnt sich außerdem – zur Freude seines Vaters – für Anatomie zu begeistern, ebenso für Physik, «die Wissenschaft der Wunder». Vom Friedhof besorgt er sich mit seinem Vater Skelette, zeichnet sie ab und eignet sich ein genaues Wissen über den menschlichen Körper an. Bald studiert er Medizin in Saragossa und entwickelt drei Manien: eine für die Literatur, eine andere für die Gymnastik und eine dritte für die Philosophie. Die Literatur setzt die Freude am Zeichnen fort und verwandelt sie in Graphomanie. Santiago schreibt nun Verse wie Bandwürmer, Legenden, Romane und braucht Jahre, um sich von dieser Krankheit zu erholen, eine Krankheit, die in der sklavischen Nachahmung von Vorbildern wie Lista, Arriaza, Bécquer und anderen besteht. Ein wichtiger Einfluß ist jedoch Jules Verne. In Anlehnung an diesen ersten globalen Autor schreibt er einen Roman didaktischer Natur, in dem es um eine Reise zum Jupiter geht. Auf diesem Planeten wohnen massive Ungeheuer, zu denen sich der Erdling wie eine Mikrobe verhält. Und so wird diese planetarische Reise zu einer Erforschung der Innenwelt von Organismen. Man segelt über Blutbahnen, stattet Besuche in Leber und Lunge ab und landet schließlich im Gehirn, wo die Reisenden den Ursprung nicht des Nils finden, sondern der Gedanken und des Willens. Der Roman ist leider verlorengegangen, aber Cajal wollte damit Jules Vernes Werk ergänzen: Jules Verne habe die ganze Welt umsegelt, doch den menschlichen Körper ausgelassen. Der Körper- und Muskelkult, den er in diesen Jahren betreibt, dient ihm einzig dazu, einen stärkeren Kommilitonen zu besiegen. Dazu sind zwei Stunden Turnen am Tag nötig. Nach einem Jahr besiegt er den anderen und ist der Stärkste in der ganzen Turnhalle. Er zieht daraus die Lehre: exzessiver Muskelanbau bei jungen Männern führt notwendig zu Gewalt. Zu viel Sport, so sein Fazit, macht dumm. Das wird später die Hirnforschung beweisen, indem sie zeigt, daß die Unterdrückung von Assoziationsarealen durch eine Verstärkung von Motorikarealen nicht gut für die Denkfähigkeit ist.

Am Ende seiner Jugend gab er die Malerei auf. Im Rückblick war er kritisch gegen die eigenen künstlerischen Fähigkeiten: zu sehr auf Karikatur aus, zu wenig anatomisches Wissen, zu wenig Farbgefühl – ausreichend für moderne Kunst, das ja, aber nicht für ihn. Mindestens hatte es ihn dies gelehrt: die Sinne zu schärfen und seinem Gedächtnis zu mißtrauen – und das bedeutete nichts anderes, als ein beobachtender Wissenschaftler zu werden. Seine Fähigkeit des Visualisierens sollte ihm dann auch zum wissenschaftlichen Durchbruch verhelfen.

Der Italiener Camillo Golgi hatte eine neue Methode gefunden, Zellen und Gewebe einzufärben, und zwar mit Silbernitrat, das zur Familie der photographischen Chemikalien gehört. Doch Cajal konnte diese Methode noch weiter verbessern und damit nachweisen, daß die Gehirnzellen keine Netze bilden, sondern sich zwischen ihnen Lücken auftun. Ähnliches hatten andere Hirnwissenschaftler schon vermutet, unter ihnen Wilhelm His, der Bachs Schädel vermaß, und Fridtjof Nansen, der eine Dissertation über Neuroanatomie schrieb, ehe er zum Nordpol aufbrach. Doch erst Cajal konnte den Nachweis erbringen, und damit war die Netztheorie, die Retikularhypothese, hinfällig. Mit der unabhängigen Zelle war auch das Wort *Neuron* geboren, eine Schöpfung von Wilhelm von Waldeyer, der auch das *Chromosom* erfand. Für den unbekannten Abstand zwischen den Gehirnzellen prägte bald darauf der Engländer Sir Charles Sherrington den Terminus *Synapse*. Wir werden Cajals weitere wissenschaftliche Leistungen nicht verfolgen. Nachdem er den Nobelpreis erhielt, schrieb er noch zwölf Bücher und über hundert Artikel. Vier seiner Bücher sind auch heute für viele Neurowissenschaftler von Bedeutung. Das Schachspiel, in dem er vier Gegner gleichzeitig zu besiegen pflegte, mußte er wegen der anwachsenden wissenschaftlichen Arbeit aufgeben, zumal er sechs Kinder hatte. Seine Frau schien ihm Fausts Gretchen zu ähneln. Er schrieb Science-Fiction-Geschichten, in denen Abenteuer mit Zellen und Mikroben bestanden werden müssen. Seine wilde Kindheit und Jugend hatten ihn mit vielen Erfahrungen in allen Sinnes- und Denkbereichen versorgt. Letztlich ermöglichte seine Art des Aufwachsens, genau dieses herauszufinden. Im Jahre 1894 stellte er die These auf, daß gewisse Nervenzellen und -verästelungen wachsen, wenn man ein Musikinstrument erlernt. Das Genie kann sich durch Verästelung entwickeln lassen. Erst in den sechziger und siebziger Jahren des 20. Jahrhunderts wurden diese Hypothesen bestätigt. Wer in reichhaltigen Umwelten aufwächst, aktiviert mehr Synapsen und findet bessere Lösungen für Probleme.

Ein Studienfreund von Cajal erinnerte sich später an eine weitere Jugendepisode. Cajal hatte einen Roman über eine Insel geschrieben und daraus vorgelesen. Man war so angeregt, daß man sich gleich auf eine Expedition zu diesem Ort, «Cajals Insel», machte. Der Erzähler selbst durfte nicht mit, die Eltern hatten es verboten. Die Jungen kamen zurück und hatten keine Insel gefunden. Cajal fügte diesem Bericht hinzu: «Und doch existierte diese Insel! Im zentralen Nervensystem, im Rückenmark und im Gehirn ist diese Insel sehr wohl anzutreffen, Cajals Insel.»

Theorien wie Tag und Nacht

Frederick de Selby

Wenig weiß man von ihm, schon sein Vorname gibt Rätsel auf, denn er benutzte ihn nie. Vermutet wird «Frederick», denn bekannt sind die historischen Vorlieben seines Vaters, ein Bewunderer des Preußenkönigs. Warum er von diesem Vornamen nur die Buchstaben «de» erhalten wollte, ist erschöpfend diskutiert worden. Nach bislang unbekannten Gesetzen schreibt er ihn mal groß und mal klein. Dieses «de» in seinem Namen deutet also weniger auf Frankreich, als vielmehr auf einen Versuch der Selbstveredelung hin. Sein Vorname enthält den Adel, wenn auch versteckt. Dieser kann keine vorübergehende und oberflächliche Erscheinung gewesen sein. Denn nach allem, was wir von ihm wissen, führte de Selby ein Leben, das in jeder Hinsicht seinen Ideen treu blieb.

Das einzige Archiv, das seinem auch für genialische Verhältnisse beachtlichen Lebenswerk gewidmet ist, findet sich 15 Kilometer südlich von Dublin in einem Ort namens Dalkey. In diesem Ort verbrachte der Physiker und Eschatologe de Selby seine späten Jahre in einer Junggesellenwohnung. Seine geduldige Gattin, eine reiche Kautschuk-Erbin, lebte in dieser Zeit, es waren die vierziger Jahre des 20. Jahrhunderts, in Buenos Aires. Nach einem Brand in seiner Wohnung ging de Selby endgültig zurück nach Argentinien, wo er mit 92 entweder von einem Baugerüst stürzte oder in einem Lachanfall erstickte wie der schottische Übersetzer von Rabelais, Sir Thomas Urqhart. Wahrscheinlicher ist allerdings, daß er von einem Auto überfahren wurde.

In den irischen Jahren der Zurückgezogenheit, für die es glücklicherweise gute Zeugen gibt (M. Shaughnessy und T. Hackett in *Archival Leaves*), widmete er sich zwei Dingen: den Gesprächen mit großen Gestalten der Religion, die er unter Wasser zu führen pflegte, sowie der Zerstörung der Erde. Zu seinen Gesprächspartnern, die er mittels eigens konstruierter Tauchapparaturen in Häfen, Flüssen und Kanälen aufsuchte, zählen Johannes der Täufer, Jonas,

Franz von Assisi sowie eine Reihe von Kirchenvätern, angefangen mit dem heiligen Augustinus. De Selby erweist sich als aufmüpfiger Gesprächspartner, der den heiligen Augustinus etwa als Postgnostiker bezeichnet, ihn über die geometrische Form der Seele ebenso ausfragt wie über seine Hämorrhoiden. Die Tauchapparate, die solch längere Debatten ermöglichen, hatte er von seinem Freund, dem Belgier Jamy Verheylewegen, übernommen, der mit seinen Unterwasseraquarellen Furore machte. Da de Selby Gott ein für allemal durch ein Experiment bewiesen hatte, konnte er sich nun dem zweiten Teil der Schöpfung widmen, ihrer Beseitigung. Um diese zu beschleunigen, konstruierte er einen weiteren Apparat, mit dem er der Luft den Sauerstoff entziehen wollte. Nicht ganz geklärte Umstände, vielleicht auch Mängel in der Maschine, haben den Erfolg dieses Verfahrens bislang verhindert. Als Nebenprodukt gelang ihm aber die Herstellung eines Whiskeys, der die Gesetze der Zeit aufhob. Wenn er ihn zum Beispiel eine Woche zuvor gemacht hatte, so war er doch nicht etwa nur eine Woche alt, sondern schon viele Jahre lang gereift. Diesen zeitlosen Whiskey pflegte er in seinem Klavier zu deponieren.

Wie viele andere Exzentriker und Visionäre konnte er sich nicht mit den herrschenden wissenschaftlichen Theorien seiner Zeit anfreunden. Einsteins Relativitätstheorie war für ihn wie für Nikola Tesla eine Zeitverschwendung im doppelten Sinn; er sprach auch von einer «zerebralen Katalepsie», die sich bei solchen Theorien einstelle.

Das Datengerüst seines Lebens ist fragil. Seine Geburt wird für 1877 in einem Dorf in der Nähe von Galway angesetzt. Schon die frühen Jahre sind von reichen Legenden umgeben, die aber allesamt einer schöpferischen mündlichen Tradition entlehnt sind. Auch W. B. Yeats und Lady Gregory wurden gerade in dieser Gegend sehr fündig, was Legenden und Aberglauben angeht. Daher konzentrieren sich seine Kommentatoren lieber auf seine bizarre Gedankenwelt als auf sein Leben. Aus mancher mentalen Konstruktion läßt sich aber möglicherweise ein Hinweis über seine Lebensform ablesen.

Fredericks ungewöhnlichen Theorien machten vor nichts Halt. In einem Kapitel über «Häuser» notiert er in seinem Hauptwerk *Golden Hours*, daß diese ein notwendiges Übel seien. Sie sind, schreibt er als langjähriger Anhänger der Lehren von Max Nordau, ein klares Symptom menschlicher Dekadenz, die die Individuen zusehends von draußen nach drinnen lockt; sie sind Symptom eines mangelnden Interesses, die Kunst des Draußenbleibens zu pflegen. Diese Dekadenz führt er hier (und an anderen Stellen seines umfangreichen Werkes) auf das Lesen, Schachspielen, Heiraten, Trinken und ähnliche schlechte Gewohnheiten zurück, die in der freien Luft nicht ganz zufriedenstellend zu verfolgen sind. Häuser sind ihm also *große Särge*, *Kaninchenbauten* oder *Schachteln* und *Kisten*. Demgegenüber entwirft er zweifelhafte Häuser, die einen therapeutischen Wert haben sollen. Die Zeichnungen sind oft unverständlich und werden von einigen de-Selby-Forschern (so Fournier in seinem Standardwerk *De Selby – l'énigme de l'occident*) als Drudeleien interpretiert. Soweit diese im Archiv von Dalkey einzusehenden Diagramme etwas erkennen lassen, handelt es sich bei diesen therapeutischen Bauten um zwei Typen: dachlose Häuser und wandlose Häuser. Aus heutiger Sicht sind sie nicht empfehlenswert, und es scheint, daß sich in de Selbys Tagen mehr als eine Person die Gesundheit in einem solchen Haus verdorben hat. Für kurze Zeit tauchten seine Modelle in der Nacktbade- und Sonnenkultur der zwanziger Jahre auf und verbündeten sich flüchtig, wenn auch nicht wirkungslos mit dem Vegetarismus, der Krematorienbewegung und dem Fletcher-Kau-Kult. Vielleicht auch kein Wunder, daß sein eigenes Haus in Dalkey abbrannte.

Natürlich ist es unfair, de Selbys Erfindungen aus dem Zusammenhang zu reißen. Sie bilden Elemente eines ungewöhnlichen Weltbildes, in dem sie einen passenden logischen Platz einnehmen. Auf faszinierende Weise verbinden sie sich mit seinen Reisen, und zwar so sehr, daß ein Kritiker die geographischen Linien dieser Reisen verfolgt hat und dabei auf die Figur der dreifachen Acht stieß. Möglicherweise ist die 888 de Selbys private Antwort auf die 666 der Apokalypse gewesen; vielleicht wollte er damit sagen, daß die Unendlichkeit zwar endlos ist, aber doch mit drei multiplizierbar. Wenn sie multiplizierbar ist, muß sie auch teilbar sein. Und was ist eine durch drei teilbare Unendlichkeit? De Selby würde sagen, immer noch beachtlich, und auf seine Whiskey-Produktion verweisen. Wohl auf jede seiner Erfindungen überhaupt, die eben Teile einer Unendlichkeit sind. So ist auch sein Tod zu verstehen, auf den wir noch zurückkommen werden.

Er war reiselustig und ließ seine Gerätschaften von einem Neffen tragen, dessen bäuerlicher Vater hohen Respekt vor seinem Bruder Frederick besaß. 1923 ging er auf eine kontinentale Vortragsreise, die ein Erfolg gewesen sein muß, wenn man den Zeitungen von Breslau, Jena und Düsseldorf glauben darf. Als großer Verehrer von Thomas Carlyle hatte er früh Deutsch gelernt, allerdings sprach er ein Deutsch, das schon um 1900 veraltet und blumig klang, vermutlich weil einzig die Werke von Jean Paul, den wiederum Carlyle bewunderte, seine sprachliche Vorlage bildeten. Die monistischen Zentren Deutschlands, so die Atomische Kirche zu Leipzig, hatten ihn eingeladen, seine neuesten Theorien über kosmische Gesetze vorzustellen. Immerhin erstaunlich, daß es die Monisten waren, die sich für ihn interessierten, war doch sein äußerst dualistischer Ansatz weit bekannt, ein Ansatz, der erst in den Jahren in Dalkey durch die erwähnten Diskussionen mit den Kirchenvätern leicht modifiziert werden konnte. Vermutlich reizte die Monisten der Widerspruch und die schräge Lage seiner Ideen im Verhältnis zum vorherrschenden Weltbild. Daß sich trotz seiner Bekanntheit unter den Monisten kein einziger Hinweis auf de Selby in Haeckels oder Ostwalds Schriften findet, gibt zu denken. Die Reise war insofern ein Erfolg, als er mit etwa einer Million Reichsmark an Honoraren zurückkam. Als er die Summe umtauschte, stellte er fest, daß er damit gerade noch eine Briefmarke kaufen konnte. Er klebte sie auf einen Brief, in dem er sich bei seinen deutschen Gastgebern beschwerte. Eine Antwort ist nicht überliefert.

In Düsseldorf jedenfalls soll er über seinen Dualismus gesprochen haben, der auf mehr oder weniger unerquickliche Weise mit seinem Verhältnis zu Spiegeln vermengt ist. In *Land-Album* (1928) beschreibt er seine Experimente mit Spiegeln, die er damals so weit trieb, daß er behauptete, zwei linke Hände zu haben. Außerdem sah er um sein Blickfeld immer und ohne Ausnahme die Andeutung eines Rahmens, sei es aus Holz, Messing oder Aluminium, denn die leichteren Kunststoffe waren noch nicht erfunden. Es kam eine Zeit, da er sich zu weigern begann, die Welt direkt ins Auge zu fassen. Er befestigte mittels einer Drahtapparatur einen kleinen Spiegel derart über seinen Augen, daß er alle ankommenden visuellen Reize über diesen Spiegel zur Kenntnis nahm. Wenn er Leute empfing oder Interviews gab, schaute er immer an die Decke, um sie gehörig in den Spiegel zu nehmen. Später konnte er sie mit

Hilfe einer weiteren Konstruktion auch sehen, indem er ihnen den Rücken zuwandte. Das ist zwar eine ungewöhnliche Form des Kommunizierens, aber längst nicht so exzentrisch wie sie der Erfinder des Basic English praktizierte. Der klaustrophile Sprachforscher C. K. Ogden (1889–1957) strich nicht nur die englische Sprache auf 18 Verben und 850 Wörter zusammen, er setzte sich auch immer eine Maske auf, wenn er mit Menschen sprach. Der Rückwärts-Spiegel ermöglichte es de Selby schließlich, rücksichtslos rückwärts zu gehen, etwa durch unliebsame Menschenmengen. Francis Galton, der klein von Statur war, hatte sich Jahre zuvor ein ähnliches Gerät gebaut, ein Hut-Periskop, mit dem er Vorgänge in einer Menge beobachten konnte. Für das Rückwärtsgehen machte de Selby auch medizinische Gründe geltend. Wenn ihn jemand wegen dieser Gehweise kritisierte, verwies er auf die Indianer, die dies regelmäßig praktizierten. Es sei wissenschaftlich längst bekannt, daß das Rückwärtsgehen Gebrechen wie chronische Rückenschmerzen, Wadenkrämpfe oder Arthritis mit einem Schlag beseitige. «Die Indianer», schreibt er in *Rückwärts oder Vorwärts? Eine Zivilisationsfrage* (1911), «pflegen rückwärts zu gehen, weil sie dem Großen Geist vertrauen, der sie auffängt. Wir können heute rückwärts gehen, weil wir der Wissenschaft vertrauen, die uns auffängt. Wer nicht rückwärts geht, beweist, daß er dem Geist der Wissenschaft mißtraut. Er kann daher nicht unser Zeitgenosse sein.» De Selby wies außerdem daraufhin, daß man, und hier konnte er sich auf eigene Erfahrungen beziehen, durch das Rückwärtsgehen die Angst vor der Zukunft verliere, eine «Emotion, die unserer Volkswirtschaft viertelstündlich 1,5 Millionen kostet». Ein Anhänger der Lehren de Selbys, der ehemalige Koch Plennie Wingo aus Abilene, Texas, hatte sich in den Jahren der Wirtschaftsdepression vorgenommen, die Welt rückwärts zu umwandern. 1931 verließ er Fort Worth in Texas und hatte neben einer Bibel und einem Empfehlungsschreiben noch eine Sonnenbrille mit Rückspiegeln dabei, zweifellos ein Patent von de Selby. Mit deren Hilfe gelang es ihm, rückwärts bis zur Türkei zu kommen, wo man ihm jedoch ein Visum verweigerte. Immerhin schaffte er insgesamt 12 800 Kilometer und 13 Paar Schuhe. Außerdem ließ sich seine Frau von ihm scheiden.

Ähnliches ist von de Selby nicht berichtet. Es scheint auch manchmal, daß er – obwohl ein Experimentator vor dem Herrn –

seine Anhänger zu Taten anstachelte, die seinen verstiegenen Theorien entsprangen, die für ihn aber nur einen wahrheitssuchenden Wert hatten. So etwa die Behauptung, er könne Männer und Frauen nicht unterscheiden. Bei einigen seiner Anhänger führte dies zu einer sexuellen Unentschlossenheit, von der bei ihm jedoch keine Rede sein kann.

Aufschlußreich für sein Weltbild sind auch seine Untersuchungen über Tag und Nacht, postum in dem Band *Black & White, or: Whack and Blight* (New Delhi 1921) erschienen. Hierin beschäftigt er sich mit der Frage, warum es jeden Abend dunkel wird. Auch den gläubigsten Anhängern fiel es schwer, ihm in dieser Frage bis in die letzte Konsequenz zu folgen. Selbst der leichtgläubige Kraus in *De Selbys Leben* (Hamburg 1929) kommt hier ins Stocken, auch wenn er auf mehr als vierzig Seiten bestimmte Experimente de Selbys bespricht, die dieser im Hinblick auf den Unterschied zwischen Tag und Nacht durchgeführt haben soll. Die erste These lautet, bei dem was wir Nacht nennen, handele es sich um eine Verdickung von schwarzer Luft. Diese Akkumulation von dunklen Staubteilchen ist kaum wahrnehmbar und wird unter anderem auf vulkanische Aktivitäten zurückgeführt. Der Zustand des Schlafs erfolgt als eine Serie von Ohnmachtsanfällen aufgrund der oben beschriebenen atmosphärischen Verdichtung, die zu einer Art halber Erstickung führt. De Selbys Angriffe auf die «sanitären Bedingungen nach sechs Uhr abends» sind bekannt. Er macht sie für den Tod verantwortlich, denn der Tod ist nichts als ein Zusammenbruch des Herzens nach einer lebenslänglichen Serie von Anfällen und Ohnmachten. Die industrielle Ausdünstung trägt das Ihre dazu bei, diesen Vorgang zu beschleunigen. Mag dies auch den Zustand der irdischen Atmosphäre nach sechs Uhr erklären, so gibt de Selby doch keine befriedigenden Hinweise darauf, warum Keller und andere fensterlose Räume meist dunkel sind. Kraus spricht von Flaschen, die de Selby mit «Tag» und «Nacht» gefüllt und kommerziell verwertet haben soll. Ein französischer Kommentator (Fournier, *De Selby – Dieu ou Homme?*) erwähnt im übrigen, daß de Selby den Schlaf als solchen nicht anerkannte, gleichzeitig aber wohl Narkoleptiker war. Er pflegte in der Öffentlichkeit einzuschlafen, einmal auch bei einer eigenen Rede.

Bekannt ist außerdem, daß de Selbys Experimente in seinem Keller immer recht lärmintensiv waren. In *Layman's Atlas*, indem er nebenbei auf die wurstförmige Gestalt der Erde verweist, erklärt de Selby, warum es notgedrungen zu Lärm beim Hämmern kommt. Demnach wird die Luft, die aus kleinen atmosphärischen Ballons bestehe, zum Platzen gebracht. Mehr als einmal stand er vor Gericht wegen dieser extremen Belastung seiner Umwelt. Ein weiterer Verstoß gegen das Gesetz wurde ihm angelastet, als ihn ein Pfarrer anklagte, weil de Selby angeblich dessen Kanzel als Speisekammer benutzte.

Auch von Ausflügen in die Niederungen der Literaturkritik ist zu berichten. Frustriert von den eigenen kreativen Bemühungen wie von denen seiner Zeitgenossen, beschloß er, die Werke eines irischen Autors zu besprechen, den er zunächst einmal ins Leben rufen mußte. Da die Zeitungen de Selbys Texte nicht publizierten, verlegte er seine literarischen Hinweise in die Fußnoten seiner wissenschaftlichen Werke. Dort taucht sporadisch, aber nicht ohne Sarkasmus immer wieder ein gewisser Brian O'Nolan auf, dem alle möglichen Sentenzen und Plots in die Schuhe geschoben werden. Eine Hamburger Anglistin, wohl unter dem Einfluß des unzuverlässigen de-Selby-Exegeten Wilhelm Kraus, hat eine Dissertation über diesen O'Nolan verfaßt, was weder der Fakultät noch sonst jemandem aufgefallen zu sein scheint. Unter dem Namen O'Nolan soll de Selby einst einen Brief an einen anderen Kraus geschickt haben, den großen Karl Kraus in Wien nämlich. In diesem Brief, von Kraus in der *Fackel* genüßlich und anonym zitiert, geht es um das unruhige Bellen von Grubenhunden vor dem Eintreten eines Erdbebens.

De Selbys Hauptwerk aber ist und bleibt *Black & White,* und in gewisser Weise muß man sagen, daß es zu seinem Tod führte. In dem zentralen Kapitel beschäftigt er sich mit der Natur von Zebrastreifen, sowohl mit denen auf dem afrikanischen Säugetier als auch mit denen auf den Straßen der Welt. Er stellt die Hypothese auf, daß die Welt schwarz-weiß gezeichnet werden muß, nur daß die Abfolge eben unterschiedlich dicht ist. Im Zebrastreifen wird demnach für kurze Zeit die unsichtbare Struktur der Welt sichtbar, die eigentlich bis in die Atome hinein nur aus Zebrastreifen besteht. Ähnlich wie die zum Schlaf führenden Ohnmachtsanfälle findet hier die Welt sozusagen zu sich selbst. Auf aparte Weise verbindet er diese Thesen mit seiner Theorie über die Zeit. Demnach ist alles schwarz-weiß, jedoch kommt es auf die Geschwindigkeit an. Wo

sich die Aufeinanderfolge verlangsamt, werden Zebrastreifen sichtbar. Das gilt auch für die Tastatur von Klavieren, was womöglich
erklärt, warum er Pianos als Lagerraum für seinen berühmten
Whiskey bevorzugte. In seinen argentinischen Jahren muß er ein
besonders vertrauensvolles Verhältnis zu Zebrastreifen (auf der
Straße) entwickelt haben; er hielt sich jedenfalls gerne länger auf
ihnen auf. An einem heißen Julitag des Jahres 1947 beachtete ein
Autofahrer diese Angewohnheit de Selbys nicht. De Selby wurde
sofort in ein Krankenhaus in Buenos Aires eingeliefert, doch es war
zu spät. Die *Times* brachte einen kurzen Nachruf, in dem einzig auf
seine Verbindung mit einer argentinischen Kautschuk-Millionärin
hingewiesen wurde.

Das unerbittliche Gesetz von
Sog und Druck

Alfred William Lawson

Nur wenigen Denkern ist es vergönnt, in die inneren Geheimnisse des Universums vorzudringen. Zu diesen einsamen Gestalten gehört zweifellos Alfred William Lawson. Wenig ist über ihn zu finden in der allgemeinen Wissenschaftsgeschichte, die ihn zu Unrecht vernachlässigt hat. Einzig in den erdrückenden Labyrinthen des irrenden Geistes, die uns Martin Gardner in seiner klassischen Sammlung *Fads and Fallacies in the Name of Science* überliefert, findet sich ein Bericht zu Lawson. Allerdings taucht der Name Lawson hier auf zwischen Atlantis- und UFO-Forschern oder den Verfechtern der Flachen Erde. Doch das schlechte Licht, das diese Irrationalisten auf ihn werfen, hat er nicht verdient. Er war ein Wissenschaftler mit klaren Erkenntnissen, die keine Überprüfung scheuen müssen. Ein Moralist würde sagen, Lawson litt unter einem Zwang zur Selbstdarstellung. Einerseits tut das seiner wissenschaftlichen Leistung keinen Abbruch, andererseits ist das Verb *leiden* in diesem Falle völlig unangebracht.

Lawsons Geburt, schreibt sein Biograph Cy Q. Faunce – vermutlich ein Pseudonym von Lawson –, war das wichtigste Ereignis seit der Geburt der Menschheit. Sie fand am 24. März 1869 in London statt. Die Familie wanderte nach Amerika aus. Dort begann der Knabe mit drei Jahren, Naturrecht zu studieren, indem er Kartoffelkäfer beseitigte. Mit vier bemerkte er dies: Wenn er Druck ausübte mit der Kraft seiner Lungen, dann entfernte sich der Staub von ihm; wenn er ihn aber mit der Saugkraft seiner Lungen anzog, so bewegte sich derselbe Staub auf ihn zu. Damit hatte er das erste und größte Gesetz entdeckt, das später in die Lawson-Physik eingehen sollte. Lawson jobbte für seinen Vater, war Schuhputzer und Zeitungsverkäufer, lief dann aber von zu Hause weg. In den nächsten Jahren scheint er hauptsächlich in Frachtzügen herumgereist zu sein. Ein Foto, das in vielen seiner Bücher zu finden ist, zeigt ihn auf einem dieser Waggons, den Stößen des Windes ausgesetzt. Darunter ist zu lesen: «Alfred Lawson studiert den Luftwiderstand auf bewegte Körper.»

Wir überspringen seine erfolgreichen nächsten zwei Jahrzehnte als Baseballspieler und Manager. Auf Fotos sehen wir einen wohlgeformten träumerischen Mann in den Uniformen der verschiedensten Baseballclubs. Diese Jahre scheinen ihn auch korrumpiert zu haben, jedenfalls beginnt er zu trinken und zu rauchen und hat schlechte Zähne. Durch eine übermenschliche Anstrengung gelingt es ihm, sich von den Lastern loszusagen. Der Überwindung des Rauchens widmet er einen utopischen Roman. Er ist 1904 unter dem Titel *Born Again* erschienen. Selbst der kritische Gardner sieht hier eine Höchstleistung, wenn er schreibt: «It is certainly one of the worst works of fiction ever printed.» Lawson sah dies anders. Seiner Meinung nach handelt es sich um einen Roman, der wahrscheinlich der größte überhaupt ist. Das Buch soll in der halben Welt erschienen sein: in der Schweiz, in Deutschland, Frankreich, Italien, England und Japan. In diesem utopischen Werk, in dem es von Doppelgängern nur so wimmelt, werden die philosophischen Grundlinien weiter vertieft und prophetisch angewendet. So sieht er ebenso das Giftgas wie das Radio voraus, wobei das letztere mit Hilfe von Sog und Druck betrieben wird.

Seine nächste Mission entdeckte er in der Luftfahrt. Er prägte das Wort *aircraft* für die englische Sprache, als er für das Webster Wörterbuch die Texte für Luftfahrt bearbeitete. Das Wort *craft* bedeutet übrigens Boot oder Schiff. Er gab Luftfahrtzeitschriften wie *Fly* oder *Aircraft* heraus. 1919 erfand und baute er das erste Passagierflugzeug der Welt. Er flog die achtzehn Passagiere selbst von Milwaukee nach Washington und zurück. Nach und nach hatte er einige Flieger in seinen Diensten, aber als eine seiner Maschinen abstürzte, war es mit seiner Firma zu Ende.

So wandte er sich neuen Aufgaben zu, diesmal der Frage des Kapitals. In zwei denkwürdigen Streitschriften legte er die Grundlage für eine Wirtschaft nach den Prinzipien von Lawson: Abschaffung des Gold-Standards und der Zinsen. Das System, auch Direct Credits Society genannt, lockte viele tausend Gläubige an. Fotos in Lawsons Buch *Fifty Speeches* beweisen die Attraktivität der Lawsonschen Ökonomie. Dort sind Massenversammlungen und Paraden von seinen Anhängern zu sehen, die man an ihren weißen Uniformen und Mützen sowie an den roten Schärpen erkennt. Sie waren ihrem Anführer ergeben, brachten ihm stehende Ovationen dar und zögerten auch nicht, bewegende Hymnen auf Lawson zu verfassen. Der Erfolg verhalf ihm dazu, seine eigentliche Mission auf Erden zu verwirklichen: die Erziehung der Jugend nach den Lawsonschen Prinzipien. 1942 kaufte er die Universität Des Moines in Iowa, die in Des Moines University of Lawsonomy umbenannt wurde. Was hier gelehrt wurde, war schlicht und einfach die Wahrheit. Die Texte, die als Lehrbücher benutzt wurden, stammten aus der Feder von Alfred William Lawson. Einmal mußte ein Handbuch für Basketball aus dem Curriculum entfernt werden, da es nicht von Lawson stammte. Die Lehrer an dieser Universität hießen *Knowlegians*, was man als *Wisser* oder *Wissensträger* übersetzen könnte.

Wer die Biographie Lawsons kennt, versteht, daß Tabak und Alkohol nichts auf dem Campus zu suchen hatten. Lawson schrieb, es gebe kein anderes Tier auf der Welt, das sich eine Zigarette oder Pfeife ins Maul stecke, als den Menschen, der dabei den Rauch sowohl einsauge als auch ausblase. 1946 entwickelte er folgerichtig den *Lawson Smoke Evaporator*, eine Vorrichtung, bei der durch Druck und Sog Rauch und Ruß eliminiert werden.

Der Kern seiner Lehre, die an der University of Lawsonomy vermittelt wird, besteht in *Lawson's Law of Penetrability and Zig-Zag-and-Swirl movement*. Newtons Gesetze der Schwerkraft, läßt der Verleger von Lawsons Buch *Manlife* (1923) verlauten, ist nur ein Vorspiel zu Lawsons Erkenntnissen. Auch Kopernikus und Galilei hätten nur winzige Aspekte des wahren Geschehens gesehen, das erst bei Lawson in seiner ganzen Fülle sichtbar werde. Der Verleger von Lawsons Buch ist übrigens Lawson selbst. Lawsonomy besteht im Wissen vom Leben als solchem. Die gesamte Physik müßte neu geschrieben werden, um Lawsons Gesetze zu erfassen. Das Universum besteht demnach aus verschieden dichten Substanzen, die durch die Lawsonschen Prinzipien von Sog und Druck in Beziehung stehen. Die Bewegung, die daraus entsteht, heißt *Penetrability*, das heißt die Fähigkeit, sich penetrieren zu lassen. Die Bewegung des Zick-Zack-Wirbels (*Zig-Zag-and-Swirl*) entsteht aus der Tatsache, daß sich nichts in diesem Universum auf einer geraden Linie bewegt. Die vielseitige Bewegtheit der Dinge führt zu einem Zick-Zack-Wirbel. Das läßt sich nun auf alles anwenden, etwa auf Licht und Dunkelheit. Das Licht ist eine Substanz, die vom Auge eingesogen wird, der Ton hingegen von den Ohren. Schwerkraft ist eine Folge der irdischen Sogkraft. Hat man dies einmal verstanden, verschwinden alle Pseudoprobleme, mit denen sich die Physik seit Jahrhunderten herumgeschlagen hat. Auch andere Wissenschaften, wie zum Beispiel die Geologie, profitieren auf ungeahnte Weise von dieser Erkenntnis. Die Erde ist nämlich ein riesiger Organismus, der durch Sog und Druck gebildet und reguliert wird. Der Südpol ist der Anus der Erde, aus dem durch Druck Gase entlassen werden, was leicht durch die Lichter und Aurora-Phänomene bestätigt werden kann. Sex ist ein Zusammenspiel von Sog und Druck; noch der Magnetismus ist eine sexuelle Erscheinung. Auch zur Neurologie hat Lawson Gewichtiges zu sagen. Im Gehirn leben mikroskopische intelligente Wesen zu Billionen. Ihnen verdanken wir unsere einfachsten motorischen Bewegungen wie auch mentale Operationen. Es handelt sich um die sogenannten *Menorgs*. Ihre Gegenspieler sind die *Disorgs*, die dafür sorgen, daß die Dinge nicht zu glatt verlaufen. Sie sind zuständig für die Desorganisation unseres Apparats.

Neben dem Erlernen dieser grundlegenden Lawsonschen Gesetze haben die Studenten auch praktische Lebensweisheiten zu befolgen, die von ihm für eine gesunde Lebensführung entwickelt wurden. Lawson empfiehlt eine vegetarische Küche, möglichst Rohkost und Portionen frischen Grases für alle Salate. Morgens und abends sollte man seinen Kopf in kaltes Wasser tauchen. Nacktschlafen wird nahegelegt, ebenso das Trinken von viel warmem Wasser. Küssen dagegen ist nicht erwünscht. Der Junggeselle Lawson nimmt kein Blatt vor den Mund: «Kann man sich etwas Schmutzigeres vorstellen, als wenn ein Mann und eine Frau ihre Gesichter zusammenstecken und sich gegenseitig Krankheitskeime in den Mund spucken?» Werden diese simplen Ratschläge befolgt, dann wird nach Lawson einst eine Superrasse entstehen, die unter anderem telepathisch kommunizieren wird. Im Jahr 2000 werden die Völker der Welt die Gesetze Lawsons anerkannt haben. In seinem Buch *Lawsonian Religion* erfährt der Leser einiges über Reinkarnation und Lawsonomy. Er predigt unter anderem ein Christentum ohne Christus. Lawson weigerte sich, Steuern zu zahlen, und mußte 1954 seine Universität versteigern. Sie wurde von einem Geschäftsmann gekauft und in ein Kaufland umgebaut. Ob Lawson heute noch lebt, ist nicht zu ermitteln.

Von nun an regnen Frösche auf die Wissenschaft

Charles Fort

Lexika haben Charles Fort als «bedeutenden Humoristen» verkannt. Andere haben ihn einen Vordenker des Positivismus genannt, den er sein Leben lang bekämpfte. In Wirklichkeit wollte er beweisen, daß Wissenschaft unmöglich ist. Er wurde 1874 in Albany, New York, geboren und starb 1932 in New York. Ein Jahr später erschien er seiner Frau Anna, um sie zu trösten. Seine Bücher wurden für die nachfolgende Generation zur Kultlektüre in psychedelischen Kreisen.

Von Kindheit an verachtete er Autorität jeder Couleur, zu der auch die eigene Brille gehörte, die man ihm mit acht Jahren aufzwang: «Also sandte Er uns zum Augenarzt. Eine Art Pilotenbrille auf unseren Augen; wir sehen große und kleine Buchstaben erstaunlich schwarz und deutlich. Wir waren nun ein Junge mit Brille und haßten uns dafür ... Als wir auf die Straße gingen, wußten wir, daß die Brille immer getragen werden mußte. Denn wir hatten im Nebel gelebt und wußten es nicht.» Als Schüler handelte er mit Vogelflügeln oder schoß selbst Vögel, die er ausstopfte, mit phantasievollen Namenschildern beklebte und für gute Preise verkaufte.

Seinem Vater stand er in seinem Lebensmittelgeschäft bei, indem er Etiketten von Pfirsichdosen auf Pflaumendosen, von Bohnen auf Maiseintöpfe klebte. Sein Sammeltrieb meldete sich früh. In seiner Autogrammsammlung befindet sich ein kleiner Brief von Jules Verne, der so winzig geschrieben war, daß ihn keiner übersetzen wollte. Mit 17 begann er Witze, Anekdoten und Klatschgeschichten zu verkaufen. 1893 machte er sich auf eine Weltreise, erst per Anhalter an die Küste, dann aufgrund eines Versehens des Reisebüros nach Südafrika, denn eigentlich hatte er Südamerika im Visier gehabt. Von den vielen merkwürdigen Begegnungen dieses Landstreicherlebens berichtete er in seiner Autobiographie. Nach seiner Rückkehr heiratete er eine zierliche Engländerin, Anna Filing, und führte mit ihr ein ärmliches Leben wie im Slum. Er mußte neben dem Schreiben die unterschiedlichsten Jobs suchen; so bewarb er sich als Nachtwächter oder arbeitete als Tellerwäscher. Es kam so weit, daß sie ihre Möbel verbrennen mußten, weil es ihnen an Heizmaterial fehlte. Seine Frau war eine gute Köchin, soll aber nie ein Buch gelesen haben. Fort blieb arm, konnte jedoch immer mal wieder in bekannten Magazinen etwas unterbringen, vor allem durch die Unterstützung von Theodore Dreiser, der ihn sein Leben lang förderte. Dreiser war begeistert von Forts verrückten Kurzgeschichten. Nach eigenen Angaben will Fort bis zum Jahr 1919 Romane wie am Fließband geschrieben haben. Ein Biograph spricht von fünfzig solchen Werken, von denen nur eines veröffentlicht wurde, *The Outcast Manufacturers*. Dieser Unterhaltungsroman zeige, daß aus Fort ein guter Romancier hätte werden können. Doch Fort interessierte sich nicht mehr für Romane. Man sollte höchstens noch Romane so verfertigen, notierte er, als wäre der Autor ein Känguruh. Er wollte etwas ganz Neues schreiben.

Seit seiner Kindheit war er ein großer Sammler gewesen. Seine Zeitungsarbeit brachte ihm laufend merkwürdige Nachrichten auf den Tisch. Er begann, diese systematisch zu sammeln, und saß täglich einige Stunden in der New Yorker Stadtbücherei, um das ungewöhnliche Material, sozusagen «fortianische Meldungen», aufzunehmen. Dreiser war enttäuscht, daß Fort von nun an Bibliotheken fraß, statt selber zu erfinden. Fort aber vergrub sich in Außenseitertheorien: Hohlwelt, Pyramidenrätsel, außerirdische Intelligenz. Das erste Buch, in das diese Meldungen und Theorien flossen, nannte er *X*. Als Dreiser dieses Buch über eine geheimnisvolle Welt namens X las, revidierte er sein Urteil. Er verstand plötzlich, warum Fort die Belletristik hatte fallenlassen: «Es war ohne Zweifel eines der großartigsten Bücher, die ich je gelesen habe ... Seltsam überzeugende Erklärungen und Schlußfolgerungen aus Tausenden von Quellen – Zeitungsausschnitte, veröffentlichte, aber übersehene Daten der berühmtesten Wissenschaftszeitschriften der Welt ... Da war die Rede von einem radförmigen Schiff aus Feuer, das vor den Augen vieler Kapitäne im Pazifik vorbeigezogen war.» Fort überarbeitete *X* und nannte es *Y*. Aus Y-Land, das entweder Nord- oder Südpol darstellt, kommt demnach Kaspar Hauser; außerdem ist es der Ort, von dem aus die Welt durch eine böse Macht kontrolliert wird. Dreiser war wieder überrascht und schrieb, daß Fort nun

Jules Vernes Imaginationskraft übertreffe. Fort aber setzte sich hin und überarbeitete. Das Ergebnis war schließlich der fortianische Klassiker *Buch der Verdammten*. H. G. Wells erhielt von Dreiser ein Exemplar und schickte es zurück mit den Worten: «Er schreibt wie ein Besoffener.»

Fort hatte über Jahre Notizen gesammelt über alle Wissensgebiete von der Astronomie, dem Tiefseetauchen und dem Vulkanismus bis hin zu den Regenwürmern. Am Ende waren es 40 000 Notizen, die er in 1300 Kategorien einteilte wie «Harmonie», «Sättigung» oder «Angebot und Nachfrage». Es ging ihm um das Unerklärliche, und er fand es in den Meldungen über Fisch- und Froschregen, über Geisterschiffe und Meteoriten mit Inschriften. Die Wissenschaft erschien ihm wie ein verstümmelter Oktopus. Seine Aufgabe sah er darin, diesem seine Tentakeln wieder wachsen zu lassen, mit deren Hilfe man verstörende Kontakte aufnehmen würde. Unter den Verdammten verstand er die ausgeschlossenen, unterdrückten Fakten, die sich in den Meldungen fanden. Dabei interessierte ihn besonders die Beziehung zwischen diesen Fakten. Das herrschende Weltbild wird von ihnen ständig unterlaufen: «Ich verschließe die Haustür vor Christus und Einstein, und an der Hintertür strecke ich kleinen Fröschen und Schnecken die Hand zum Willkommensgruß hin. Ich glaube selbst nichts von dem, was ich geschrieben habe.»

Die ganze Welt war für ihn ein Witz, wie Ulrich Magin schreibt, und deshalb kann man in Fort einen Vorläufer von Douglas Adams oder Monty Python sehen. Wir leben, so Fort, in einem Zwischenreich, in dem nichts endgültig ist, und «unser Feind ist nicht die Wissenschaft, sondern der Glaube der Wissenschaft, real zu sein». Und so stellt er aus Berichten von herabfallenden Menschen, Fröschen, Außerirdischen und Fischen die Hypothese einer Super-Sargasso-See auf, die ständig über der Erde schwebt und aus der ständig etwas herunterfällt, inklusive der Beginn des Lebens überhaupt. Blutschauer, die auf die Erde fallen, verleiten ihn zu der Ansicht, daß unser ganzes Sonnensystem ein Lebewesen ist, das an inneren Blutungen leidet. Die Milchstraße könnte eine Ballung von erstarrten Engeln sein. Zu den Anhängern dieses Rebellen gehörten bald einflußreiche Autoren wie John Cowper Powys oder Ben Hecht.

Mit 46 begab er sich mit seiner Frau nach London, um dort zunächst sechs Monate lang in der British Library Notizen zu sammeln, bald darauf noch einmal, um acht Jahre zu bleiben. In diesen Jahren beschäftigt ihn die Astronomie. «Der ungünstigste Ort für astronomische Beobachtungen ist wohl die U-Bahn, obwohl es ein Observatorium auch tut.» Die Astronomie gebe mit ihren Erfolgen an, unterdrücke aber ihre Mißerfolge. So berichtet er von Phantom-städten am Himmel über Alaska, über Straßen auf dem Mond und kann sich auf den Astronomen Gruithuisen berufen, der diese erst-mals 1821 erkannte. Fünf Jahre später richtete derselbe Gruithuisen sein Fernrohr wieder auf den Mond und stellte fest, daß weiterge-baut worden war: neue Straßen und Stadtteile. Warum verschweigt die Astronomie solche Erkenntnisse? Die Astronomen sind mit Medizinmännern zu vergleichen, die uns wie die Indianer beruhi-gen wollen, während sich die Schiffe des Kolumbus aus dem Weltall auf uns zubewegen. Die Sterne erscheinen ihm sehr nahe, die Erde ruht im Mittelpunkt des Universums.

Gelegentlich trug er seine Ansichten an Speaker's Corner in Hyde Park vor. Nicht nur in Zeitungen wurde er fündig. Fast zwei Jahre lang fielen immer wieder Bilder von der Wand in seiner Woh-nung, und zwar immer dann, wenn er über fallende Bilder schrieb. Während die Frau Vögel hielt, kümmerte er sich um sein Aquarium. Die Wände waren bedeckt mit eingerahmten Riesenspinnen und anderem Getier. Vor allem stapelten sich Schuhkartons mit den berüchtigten Notizen. Fast täglich gingen die beiden ins Kino, oder man spielte Dame. Auch diesem Spiel prägte er sein Genie auf. Er erfand Super-Dame, zunächst mit 400 Feldern, später erweiterte er es auf 2000: «Ein wunderbares Spiel für Leute ohne Zeitgefühl. Wären alle Menschen der Welt so von diesem Spiel begeistert, wie ich es bin, und würden sie es so leidenschaftlich spielen, wie ich es tue, wären alle Probleme der Welt gelöst, weil wir alle verhungern würden – als ich zum ersten Mal spielte, dauerte ein Spiel eine ganze Woche.» Er spielte gegen sich selbst und war ein guter Verlierer. Das Brett mit einer Million Felder blieb allerdings Vision.

Wilde Talente (1932) wird als sein humoristisches Meisterwerk gesehen. Wilde Talente sind Hellseher, Propheten, ungehorsame Jugendliche oder Stühle. Die Dinge stehen in unsichtbaren Zusam-menhängen. Wenn eine Ketchupflasche eine Feuertreppe in Harlem hinunterfällt, wird das nicht nur von den Anwohnern bemerkt, sondern auf ganz subtile Art im restlichen Universum – vielleicht. Seine Zettel künden vom Auftauchen purpurfarbener Engländer, von Plünderungen durch Gespenster oder Katzenmenschen, und alles wird zum Ausdruck eines Bindestrichs zwischen Wahrheit und Fiktion: «Ich kann nicht behaupten, daß die Wahrheit eigenartiger wäre als die Fiktion, weil ich mit beiden noch keine Bekanntschaft gemacht habe.» Und so geht es weiter mit dem Pferd, das man in einem geschlossenen Raum findet. Doch der Raum hat eine zu kleine Tür, und man muß die Wände niederreißen, um das Tier herauszuholen. Fortwährend reißt dieser Fort irgendwelche Wände nieder und zieht sich den Boden unter den Füßen weg, ein forschender Eulenspiegel, der Descartes parodiert: «Ich denke, also habe ich gefrühstückt.» Während er eine Schere sucht, um etwas in der Abendzeitung auszuschneiden, das mit dem Schnippeln von Haaren und Ohren zu tun hat, läßt er sich über die Politik aus: «Der Konservativismus ist unser Gegner. Aber ich hege große Sympathien für Konservative. Auch ich bin oft ziemlich faul. Besonders am Abend, wenn ich ein bißchen erschöpft bin, werde ich mit Vorliebe konservativ.» Da kann er auch den Darwinismus fallenlassen, denn die Hypothese, die Affen seien Nachkommen des Menschen, hat einiges für sich. Es kann natürlich auch sein, daß der Urmensch aus dem Weltall gefallen ist.

Als Fort alt und krank wurde, nahm er sich die Medizingläubigkeit vor. Er starb an Leukämie und glaubte, von einem Parasiten befallen zu sein, der ein Bewußtsein hatte. Er hatte vorausgesagt, daß sein letztes Wort wahrscheinlich eine Platitüde sein werde. In einem Nachruf der *New York Times* war zu lesen, daß er an einem vergrößerten Herzen starb. 1994 besuchte eine Anhängerin sein Grab in Albany und fand, daß die Sonnenstrahlen an seiner Ruhestätte einen riesigen Fußabdruck zeigten.

Noch zu Lebzeiten wurde eine Fortean Society gegründet, ein Vorgang, der ihn mit Entsetzen erfüllte. Ben Hecht hatte in einer Rezension geschrieben, daß fünf von sechs Lesern bei der Lektüre von Forts Buch den Verstand verlieren würden. Fort hielt dies für eine Übertreibung, denn nach seinen Berechnungen waren ohnehin fünf von fünf Menschen verrückt.

Träumende Maschinen

Alan Turing

Im Jahre 1748 veröffentlichte der französische Arzt und Philosoph Julien Offray de La Mettrie eine berühmt-berüchtigte Kampfschrift: *L'homme machine* oder *Der Mensch als Maschine*. La Mettrie, dem Friedrich der Große Asyl gewährte (der nach seinem Tod auch eine Gedächtnisrede auf ihn hielt), provozierte Europa mit der These, daß der Mensch nichts anderes als eine Maschine sei. Der Engländer Alan Turing (1912–1954) wollte dagegen beweisen, daß Maschinen nichts anderes seien als Menschen. Genauer gesagt: daß man keinen Unterschied mehr erkennen könnte, ob man sich mit einer Maschine oder einem Menschen unterhält. Vielleicht ist das nur eine andere Formulierung für die Frage: Was unterscheidet das Lebendige vom Toten? Gibt es einen entscheidenden Unterschied?

Alan Turing wird gemeinhin als einer der Väter des modernen Computers angesehen. Außerdem hat er im Zweiten Weltkrieg die Schlacht im Atlantik zugunsten der Alliierten entschieden. In London geboren, wurde er von seinen in Indien lebenden Eltern zusammen mit seinem Bruder bei einem Rentnerehepaar in Sussex in Obhut gegeben. Er wuchs als Einzelgänger auf, stotterte und war immer schmuddelig. Lesen und Schreiben konnte oder wollte er erst nicht lernen, bis er es sich eines Tages in drei Wochen selbst beibrachte. Ohnehin faszinierten ihn mehr die Zahlen. Er vertiefte sich im Eigenstudium in die Grundlagen der Naturwissenschaften. Ihn lockte das Rätsel der Gesetzmäßigkeit, etwas, was die Wissenschaft, nicht aber die Religion, vermitteln konnte. Kirchen mied er, er konnte ihren Geruch nicht ertragen.

Er hatte zu Schulzeiten einen einzigen Freund, Christopher Morcom, mit dem er das Interesse an Astronomie, Mathematik und Chemie teilte. Zusammen bastelten sie einen Sternenglobus oder erfanden Spiele. Für Alan stand jedoch mehr auf dem Spiel, er hatte sich in seinen Freund verliebt. Bewußt wurde ihm dies aber erst, als

Christopher, der an Tuberkulose litt, plötzlich starb. Dieser Tod war für Alan ein Trauma, an dem er sein Leben lang litt. Er war auch ein Signal: eine Aufforderung, sich in jemand anders zu verwandeln. Turing schreibt an die Mutter des gestorbenen Freundes und darf an Stelle des Freundes eine Reise machen. Er schläft im Schlafsack des Toten, und dessen Mutter muß ihm Gute Nacht sagen. Jedes Jahr wird er sie besuchen und dieses Ritual durchführen. Er macht sich Gedanken über die Unsterblichkeit und fragt die Mutter in einem Text, warum wir überhaupt Körper haben. Warum können wir nicht als freie Geister leben und kommunizieren? Eine solche Fragestellung entsteht nicht vor dem Hintergrund eines materialistischen Weltbildes, wie man es ihm gerne nachsagt. Vielmehr müssen wir in solchen Vorstellungen gnostische Intentionen erkennen, eine Unzufriedenheit mit der körperlichen Welt also, ein Wunsch nach Reinheit und Transzendenz.

Den Körper muß Turing immer wieder unter Kontrolle bringen. Er tut es durch nächtelanges Arbeiten und durch Dauerlaufen, mit dem er auch sein Triebleben regulieren möchte. Er stürzt sich in die Mathematik. In Cambridge kann er bei einem der größten Mathematiker, George Hardy, und bei dem Physiker Arthur Eddington studieren. Er beschäftigt sich mit den Paradoxien der Mathematik, mit Kurt Gödels Beweis, daß die Mathematik in ihren Grundlagen Widersprüche enthalte, Aussagen, die weder als wahr bewiesen noch widerlegbar sind. Turing praktiziert dieses Paradox, indem er zu Weihnachten Osterlieder und zu Ostern Weihnachtslieder singt. Vor allem aber beginnt er, sich eine Maschine vorzustellen, die logische Fragefolgen mechanisch Schritt für Schritt entwickeln könnte. Das Problem lautet: Welche mechanisch auszuführenden Regeln führen zu der Feststellung, ob mathematische Aussagen beweisbar sind? Wenn es Regeln für die Erstellung von Primzahlen gibt, so muß dies auch eine Maschine ermitteln können. Ebenso könnte man sich eine Maschine vorstellen, die Schach spielt. Es muß kein verborgener Türke mehr in einem Apparat sitzen wie in van Kempelens berühmtem Automaten, der nur so aussah, als sei er eine Maschine. Es geht hier also um weit mehr als Mathematik. Das menschliche Gehirn könnte überflüssig werden, indem es sich selbst als Maschine reproduziert; und damit könnte die Menschheit eine Geschichte erreichen, in der auf Körper verzichtet werden kann. Turing stellt sich immer größere Maschinen vor: die universelle Maschine schließlich, die die Regeln aller anderen Turing-Maschinen enthalten würde. Was aber, wenn eine Maschine ihre eigene Beschreibung eincodiert bekommt? Da geht es ihr ähnlich wie dem Menschen, der dem berühmten Satz Russells nachdenkt: *Diese Aussage ist unwahr*. Die Maschine würde verrückt.

Turing hatte Gödel weiter radikalisiert und veröffentlichte 1937 seine Erkenntnisse in einem bahnbrechenden Artikel: «On computable numbers, with an application to the Entscheidungsproblem.» Turing bewegte sich in der Theorie; eine Maschine, die seine Theorie bestätigen konnte, hatte er noch nicht gebaut. Die Frage nach der Berechenbarkeit aber wurde entscheidend für das Zeitalter des Computers. Damals wurde die Bedeutung von Turings Arbeit nur von den wenigsten erkannt. Er promovierte in Princeton und trat dort in geistigen Austausch mit John von Neumann, einem Computerpionier, der die Fähigkeiten des Engländers erkannte. Turing muß in dieser Zeit depressiv geworden sein und hatte Liebeskummer. Er dachte an den Tod und stellte sich vor, an einem vergifteten Apfel zu sterben. Ein Jahr nach dem Erscheinen seines berühmten Aufsatzes ging er ins Kino und schaute sich Walt Disneys *Schneewittchen* an. Tief beeindruckte ihn die Szene, in der die böse Stiefmutter den Apfel in einen giftigen Sud taucht. Turing sang später gerne ihre Verse: *Dip the apple in the brew / Let the sleeping death seep through*. (Tauch den Apfel ins Gebräu, laß den Schlaftod in ihn einziehen).

In Princeton wie später in Cambridge und Manchester blieb er unnahbar. Menschen, die er für geistig minderbemittelt hielt, ignorierte er einfach. Mit seiner Mutter verband ihn Haßliebe. Von seiner Homosexualität durfte sie nichts wissen. Ihrerseits bedrängte sie ihn mit Konvention, Unverständnis und mit Ängsten vor Unfällen, für die er einen Raum in seinem Haus reserviert hatte: seine «Alptraumkammer». Er blieb weiter schmuddelig und rannte lieber viele Kilometer, statt öffentliche Verkehrsmittel zu benutzen. Ein Verhalten, das nicht immer nützlich war, wenn er für wichtige Projekte und Anträge in ehrwürdigen Institutionen auftrat, nachdem er fünfzehn Kilometer dorthin gejoggt war. Er sah meist aus, als ob er draußen übernachtet hätte. Wenn er aber beim Rasieren Blut bemerkte, fiel er in Ohnmacht. Sein Stottern legte er nicht ab; sein Lachen soll dem Geschrei eines Esels geähnelt haben. Während er seine Gedanken entwickelte, machte er Geräusche, die zwischen

Gackern und Quietschen anzusiedeln sind. Auf dem Fahrrad trug er wegen einer Allergie oft eine Gasmaske.

Im Zweiten Weltkrieg wurde Turing einer der wichtigsten Männer Englands; doch sollte er genau deshalb in Vergessenheit geraten. Mit seiner Intelligenz wurde der Krieg um den Atlantik für England und die USA entschieden. Kein Orden wurde ihm je verliehen, und auch Churchill erwähnt ihn nicht in seinen umfangreichen Memoiren. Im großen Krieg der Geheimdienste verschwand Turing als Person.

1939 wurde Turing zum Leiter des Codebrecher-Teams von Bletchley Park in Buckinghamshire ernannt. Hier arbeiteten hochkarätige Mathematiker, Linguisten, Schachmeister, Bridge-Experten, aber auch ein Porzellanspezialist daran, den Code der deutschen Enigma-Maschinen zu knacken. Robert Harris hat in seinem Thriller *Enigma* diesen dramatischen Wettlauf spannend nacherzählt. Bletchley war für Churchills Kriegsführung zentral, und er stockte das Team mit der Zeit auf etwa 7000 Mitarbeiter auf. Die Rekrutierung erfolgte unter anderem dadurch, daß man die besten Kreuzworträtsellöser suchte. Der Premierminister nannte sein Team «Gänse, die goldene Eier legen und nie schnattern». Die Lochkartenmaschine Enigma mit ihren vielen Permutationen hatte den Deutschen im Funkbereich einen wichtigen Vorsprung gebracht. Mit Enigma konnten sie verschlüsselte Funksprüche an die Front, insbesondere an die U-Boote im Atlantik, schicken, wobei der Schlüssel dreimal täglich geändert wurde. Ein polnischer Ingenieur namens Rejewski brachte Erkenntnisse über diese Maschinen nach England. Die britische Regierung versammelte um Turing die besten Mathematiker des Landes, die nun begannen, eine Dechiffriermaschine zu konstruieren. Um diese gigantische Aufgabe zu lösen, baute Turing nacheinander eine Reihe von Rechenmaschinen, die er *Colossus* nannte – Vorläufer unseres Digitalcomputers. So konnten die Abstände zwischen Nachrichtenempfang und Entschlüsselung allmählich von Wochen auf Tage, schließlich auf Minuten reduziert werden. Das führte zu entscheidenden Siegen der Alliierten im Atlantik, aber auch dazu, daß Montgomery immer genau wußte, was Rommel in Nordafrika als Nächstes plante.

Turing paßte schlecht in das militärische Gefüge von Bletchley Park. Er hatte völlig unregelmäßige, aber exzessive Arbeitszeiten, so daß sein Vorgesetzter ihn oft bei einem Nickerchen am Schreibtisch fand. Er ging weiter auf seine Dauerläufe, wobei er Gras kaute. Seine Homosexualität verbarg er nicht, lebte sie aber auch nicht aus. Zugleich ging er mit einer Kollegin eine Verlobung ein, die nicht länger als sechs Monate dauerte.

Er war ein großartiger Kryptograph und Kryptoanalytiker, doch *einen* Code konnte er nicht knacken: seinen eigenen. Das ist hier nicht nur metaphorisch gemeint. Turing war sich am Anfang des Krieges sicher, daß die Deutschen England erobern würden. Daher machte er sein Erspartes zu Silber und vergrub die Barren in den Wäldern von Buckinghamshire. Für das Versteck erfand er einen Code, den er auswendig lernte. Nach dem Krieg konnte er sich aber nicht mehr daran erinnern. Auch mit Hilfe eines Schatzsuchgeräts gelang es ihm nicht, an sein Silber zu kommen.

Gegen Ende des Krieges rückten für ihn die Zusammenhänge zwischen Gehirn und Computer in den Mittelpunkt. In Manchester entwickelte er einen Rechner, der MADAM hieß, Manchester Automatic Digital Machine. Es war der erste elektronische Computer mit einem Speicherprogramm. So konnte er zum Beispiel hohe Zahlen in Primfaktoren zerlegen, und er wurde beim Bau des Saint-Lawrence-Seewegs rechnerisch eingesetzt. Turing spielte mit ihm Schach und ließ ihn einen Liebesbrief schreiben («Du bist mein gierig begeistertes Gefühl der Gemeinsamkeit...»). Turing muß in diesen Jahren begonnen haben, sich selbst wie ein Computer zu fühlen. Deshalb ist es kein Wunder, daß er einen Test erfand, bei dem es um den Unterschied zwischen Mensch und Maschine geht, ja um den Unterschied zwischen Mann und Frau. Damit nahm er die sexuellen Simulationen und Metamorphosen im Internet und Cyberspace vorweg. Dieser Vorgang des gegenseitigen Befragens, der Mimikry und ihrer Durchdringung ist als Turing-Test bekannt geworden.

Die maschinelle Erfassung des Selbst, das als Maschine gefaßte Selbst, war nicht zuletzt eine Sicherung für seine sexuelle Orientierung. 1951, als er 39 Jahre alt war, wurde er auf Vorschlag von Bertrand Russell und anderen in die Royal Society aufgenommen, eine hohe Ehrung in diesem Alter. Ein Jahr später wurde bei Turing eingebrochen. Die Polizei interessierte sich weniger für den Einbruch als für die Umstände, die auf einen Schwulen verwiesen. Turing hatte einem seiner damaligen Partner, einem Stricher mit höheren Ambitionen, für einige Tage sein Haus überlassen, während er verreist war. Der Strichjunge hatte einen Kollegen benachrichtigt, und der hatte ein paar Kleinigkeiten mitgehen lassen. Naiverweise hatte Turing ihn angezeigt. Es kam zum Prozeß, nicht etwa gegen den Einbrecher und seinen Helfer, sondern gegen den homosexuellen Wissenschaftler. «Angeklagter hatte Super-Hirn» war als Schlagzeile zu lesen. Turing wurde nach einem Gesetz von 1885 der «groben Sittenlosigkeit» beschuldigt. Er bekam Bewährung mit der Auflage, sich hormonell behandeln zu lassen. Die Medikamente führten zu grotesken Ergebnissen: Turing wurde fett, es wuchsen ihm Brüste, und er verlor seine Potenz. Als Homosexueller galt er grundsätzlich als erpreßbar und war somit in den Zeiten des anbrechenden Kalten Krieges politisch nicht mehr brauchbar. Er wurde noch einsamer und exzentrischer und vertiefte sich in das Studium der Entstehung von Leben. Wiederum war er hier seiner Zeit voraus, unserer Zeit so nah, als er sich mit der Mathematik der Zellteilung und der Morphogenese des Embryos beschäftigte, das heißt Rechner und Biologie zusammenbrachte. Wie wir heute wissen, wäre ohne den Einsatz von Computern die Entschlüsselung der DNA nicht gelungen. Turing wurde in dieser Zeit schwer depressiv, er konnte aufgrund der Medikation keinen Sport mehr betreiben und begab sich in eine Psychotherapie. Begleitend zur Therapie führte er ein Traumbuch, in dem er feststellte, daß seine Mutter eine Feindesposition ihm gegenüber einnahm.

Eines Tages besuchte er mit seinem Analytiker, einem Jungianer, und dessen Frau die Nachbarstadt Blackpool mit ihren Freizeitvergnügungen. Am Zelt einer Wahrsagerin hielt Turing inne und beschloß, sich die Zukunft sagen zu lassen. Nach einer halben Stunde kam er wieder heraus: leichenblaß und unwillens, noch zu sprechen. Am 7. Juni 1954, einem Pfingstmontag, der sehr kalt und naß war, aß Alan Turing einen Apfel, in den er Gift injiziert hatte. Sarah Ethel Turing, Alans Mutter, schrieb später eine Biographie über ihren Sohn, mit der sie seine gesellschaftliche Ehre retten wollte; darin leugnet sie die Selbsttötung des Sohnes.

Ein Leben ohne Schaukeln ist
ein Mißverständnis

Hugo Kükelhaus

Dieses letzte Porträt wird anders. Hugo Kükelhaus (1900–1984) ist der einzige Mensch dieser Sammlung, den ich selbst gekannt habe. Es wird also mehr oder weniger persönlich. Kükelhaus war es, der mich auf die Verbindungen zwischen Naturwissenschaften und Imagination, zwischen Literatur und Naturgesetz, zwischen Psychologie und wissenschaftlicher Wahrnehmung aufmerksam gemacht hat, also Möglichkeiten und Begeisterung angeregt hat, die zwei Kulturen ins Gespräch miteinander zu bringen. Er wirkte allerdings nicht nur durch seine eindrucksvollen Vorträge, sondern vor allem durch seine Praxis. Es ging ihm immer um das Tun. Wenn er redete, forderte er zwischendurch immer wieder die Zuhörer auf, etwas zu tun: Papier zu falten, Knoten zu binden, eine Geste nachzumachen oder wenigstens mitzuschreiben.

Eine wirksame Art, die Aufmerksamkeit körperlich zu binden, bestand darin, daß er zu Anfang seiner Vorträge einen nackten Mann aus dem Publikum anforderte. Einer der Zuhörer durfte sich daraufhin den Oberkörper freimachen und vor einen tibetanischen Gong stellen. Kükelhaus schlug den Gong und ließ ihn lange nachschwingen.

«Was haben Sie bemerkt?»

Und der Mann berichtete von der wundersamen Wirkung der Schwingungen.

Leben ist Schwingung, sagte Kükelhaus, und er zeigte es, indem er Schwingungen auslöste.

Ich habe ihn 1975 kennengelernt, als ich mit anderen Studenten sein Versuchsfeld zur Organerfahrung in München betreuen durfte. Kükelhaus vertrat mit diesem Feld den deutschen Teil auf der Internationalen Handwerksmesse. Für jedes Sinnesorgan hatte er Geräte und Räume konzipiert. *Summloch* heißt ein ausgehöhlter Steinblock, in den man seinen Kopf hineinlegt und zu summen beginnt. Erreicht man die richtige Stimmlage, so macht sich Resonanz bemerkbar, eine eigenerzeugte Schwingung, die wohltuend wie eine Massage auf den ganzen Körper zurückwirkt. Kükelhaus hat das Summloch vorderorientalischen Höhlen abgeschaut, in denen in frühgeschichtlicher Zeit Initiationen stattfanden. Vermutlich nutzte man damals solche Effekte der Resonanz. Nach diesen akustischen Erlebnissen kann man das Gegenteil erfahren, indem man durch einen schallschluckenden Tunnel geht. Man bemerkt nicht nur, wie erschreckend Schallosigkeit sein kann, sondern wie auch weitere Sinne in Mitleidenschaft gezogen werden. Schallose Räume stören den Gleichgewichtssinn.

Ähnliche Vorrichtungen gibt es für den Tast- und Geruchsinn: Betasten von unbekannten Substanzen, Riechen am Riechbaum, Barfußgehen auf verschiedenartigen Böden. Wie wirkt Licht auf uns oder das Fehlen von Licht, wie das Spiel von Licht und Schatten? Und wie wirken Farben, wenn wir sie mischen, wie entsteht das Blau des Himmels, der rote Sonnenuntergang?

Inzwischen gibt es viele solcher Erfahrungsfelder, ohne daß man sich immer auf Kükelhaus bezöge: in Jena, Zürich, Flensburg, Bremen, Essen oder in Wiesbaden. Wir leben in einer Zeit mangelnder Sinnesauslastung einerseits und überflutender Sinnesreize andererseits. Besser gesagt, durch die Medien leben wir in einem Vakuum, das man virtuelle Sinnesreizung nennen könnte. Auf dem Monitor oder im Fernsehen sieht eben alles nur so aus, als ob wir es riechen, betasten, ja hören und sehen könnten. Kükelhaus' Erfahrungsfelder sind Antworten auf eine solche Entwicklung, die er im Ansatz schon vor achtzig Jahren entdeckte.

Kükelhaus wurde 1900 in Essen geboren, legte sein Abitur ab und lernte dann erst einmal ein Handwerk: die Zimmerei. Sein Vater hatte ihm zu einem Handwerk geraten, denn das stärke die Nerven. Nach der Meisterprüfung studierte Kükelhaus unter anderem Mathematik, Biologie und Philosophie. In den dreißiger Jahren war er im Handwerkswesen tätig, als Gestalter, Möbeldesigner und Philosoph, der eine organische Komponente in das Denken bringen wollte, ein Denken mit und nicht gegen den Leib. Das war Nietzsche und Goethe weitergedacht, paßte allerdings ganz gut in die herrschende Ideologie des Nationalsozialismus. Liest man seine frühen Werke, so ist doch der philosophische Gehalt ganz anders. Kükelhaus betont Gewaltlosigkeit und andere christlich-taoistische

Werte, die das Gegenteil von dem sich pompös feiernden National-sozialismus darstellen. Und obwohl er sich in seinem ersten Werk *Urzahl und Gebärde* mit zahllosen Symbolen und Zeichen beschäftigt, so fehlt doch das prominenteste der Zeit, das Hakenkreuz. Er hatte Kontakte zum Widerstand, war aber wohl kein Widerständler im politischen Sinn. Als Sanitäter an der Ostfront begann er letzte Worte und Erzählungen von Sterbenden aufzuschreiben. Aus ihnen wurde das Buch *Du kannst an keiner Stelle mit Eins beginnen.* Darin gibt es viele Kindheitserinnerungen, die als letztes noch einmal erscheinen: «Als Kind saß ich gern auf unserer Schwelle. Es war eine Höhlung darin ausgetreten. Regenwasser konnte sich dann sammeln, uralt war sie. Ich sah im Geiste alle Leute, die jemals darübergegangen waren. Ein langer, langer Zug . . .»

Das Kind ist nicht nur hier, sondern im gesamten Schaffen der Ausgangspunkt für Kükelhaus. Es ist auch das Ziel, nämlich die kindliche Wahrnehmung wieder wachzurufen. Kindliches Erstaunen ist das erste, was den Kindern in der Schule ausgetrieben wird. Sonne und Mond sind nur noch ein astronomisches Problem, der Käfer führt sein Leben im Auftrag der Biologie, und der Stein fällt, um die Naturgesetze zu erfüllen. Die Lehrer und Eltern, die den Kindern etwas beibringen wollen, lassen sich nichts von den Kindern beibringen. Die besten Besucher des Erfahrungsfeldes, das heißt die wachsten und begeistertsten, sind die Kinder und insbesondere die behinderten Kinder. Sie lauschen dem Klicken der aneinanderschlagenden Kugeln nach wie einem fernen Glockenläuten; sie schlagen den Gong so zart, daß er auch im Himmel zu hören ist. So schuf Kükelhaus Bildbände, deren Mittelpunkt ein erwachsenes Kind, ein kindlicher Erwachsener, eine Mischung von Stern und Mensch war: der Träumling.

Nach dem Krieg entwickelte Kükelhaus ein Denken, das sich in vielen Bereichen niederschlug. Vor allem in Objekten und in Bauten: er stellte den Greifling her, ein Holzspielzeug zum Be-Greifen für Kleinkinder, er arbeitete mit Architekten an neuen Bauformen, die dem Körper gerechter sind. Mit Kindern setzte er sich zusammen, um ein Kinderheim zu konzipieren, mit Tunneln, Höhlungen und Rutschen. Für ein Fleischerei-Großunternehmen bemalte er die Innenhöfe mit Kräutertafeln und pflanzte Kräutergärten, damit die Angestellten eine Gegenwelt zur Fleischwelt ihrer täglichen Arbeit vor sich hätten.

In den siebziger Jahren richtete er sein Augenmerk auf die Art, wie Kinder in Schulen verbogen und verkorkst werden. Pädagogik und Architektur gehen dabei oft Hand in Hand. Kükelhaus analysierte die Lernanstalten und stellte fest, daß sie vieles mit den Fabriken für Batteriehühner gemeinsam haben. Das einzige, was interessiert, ist die Ratio von Input und Output. Das Ergebnis lautet jedoch zumeist: kaputt. So dachte man (und denkt), man könne die Leistung steigern, wenn man die Kinder wenigen Fensterflächen, künstlichem Licht, stufenlosen Räumen und überhaupt wenigen Sinnenreizen aussetzt. Die Folgen sind verheerend. Nicht nur mißlingt der Informationstransfer, weil die Rechnung ohne den Wirt, den Körper nämlich, gemacht wird, sondern auch, weil jeder Sinn den ganzen Menschen betrifft. Es ist nicht nur das Auge, das an den Lichtverhältnissen leidet, sondern über Hormonausschüttungen der ganze Körper.

Hier wie überhaupt geht es Kükelhaus um die minimale Wirkung, um die schwache Resonanz. Er ist nicht interessiert an gewaltsamen Veränderungen, die am Ende genau das bewirken, gegen das sie angetreten sind. Druck und Gegendruck folgen demselben Prinzip: Macht. Dieses zu unterlaufen kann nur durch Rückführung auf ursprüngliche, kindliche Erfahrungen gelingen, die uns mit den kleinen Dingen sprechen lassen.

Sein Haus in Soest hatte den Ruch des Alchemistischen: getrocknete Mumienhände, Kristalle, geometrische Objekte, lange Papierbahnen mit Zeichen, afrikanische Skulpturen.

In Goethe sah er sein großes Vorbild. Über ihn hat er einiges geschrieben, und vor allem sein naturwissenschaftlicher Ansatz hat ihn fasziniert und angetrieben. Einmal kamen Journalisten zu Kükelhaus und fragten, wie er denn auf Goethe gekommen sei? Die Frage ist falsch gestellt, antwortete Kükelhaus. Sie müssen fragen, wie ist der Goethe auf mich gekommen?

Das klingt so lange anmaßend, wie man sich nicht in diesen Satz vertieft. Er kann ebenso Ausdruck der Bescheidenheit sein, denn was Goethe entdeckte, das sind wir alle selbst als leibliche Seelen. Goethe entdeckte Prinzipien, die auch einen Kükelhaus hervorbringen, so wie dich und mich. Goethes Verständnis von Farbe und Licht und seine Auseinandersetzung mit Newton ist von besonderer Bedeutung. Während Newton das Licht rein physikalisch beschreibt, sieht Goethe es als ein Phänomen, das ohne Auge, ohne den erkennenden Menschen, nicht denkbar ist. Er legt Grundlagen für eine Physik, die auf den Wechselbeziehungen zwischen Beobachter und Gegenstand beruht.

Das Schlimmste, was einem Betreuer auf dem Versuchsfeld zur Organerfahrung passieren konnte, waren die Oberlehrer, die gleich zu jedem Phänomen sagten: Das kennen wir doch alles längst. Was soll denn hier das Neue sein?

Naturgesetze können wie Fakten und andere Daten gespeichert werden. So lernen wir in der Schule die Fallgesetze auswendig. Kükelhaus setzt auf ein anderes Lernen, bei dem wir selbst einbezogen sind durch Tun. Er läßt einen schweren Stein von der Decke hängen, und du mußt dich darunterlegen und sehen, wie er hin- und herpendelt über dir. Das ist ein anderes Verständnis von Schwerkraft: das durch dich hindurchgeht, das dich aufwachen läßt auf einem Planeten, der von einer geheimnisvollen Macht regiert wird.

Der Studienrat kennt das natürlich alles. Er kann sie berechnen, aber er weiß nichts über die Schwerkraft.

Seit Frankensteins Zeiten experimentiert der Wissenschaftler in einer klosterhaften Isolation. Er hat sich von seinen Lieben ebenso abgeschottet wie von der Gesellschaft überhaupt, von der Politik und von der Religion. So können Religion, Politik und Gesellschaft ihn gebrauchen, ohne daß er es überhaupt zur Kenntnis nimmt. Vor allem aber hat er sich gegen sich selbst abgeschottet, gegen seine imaginative Fähigkeit, sich in andere hineinzuversetzen. Er geht seinem Ziel nach, das notfalls auch ‹Endlösungen› unterstützt, und läßt sich durch nichts davon abbringen. Das ist die Extremform der Art von Wissenschaft, wie sie in den Schulen gelehrt wird. Es gibt Anzeichen dafür, daß auch anders gelehrt wird: mit Eigenerfahrung, sozialer Erkundung von Wissenschaft, vor allem durch eigenes Tun.

Wenn Galilei gesagt haben soll, *Und sie bewegt sich doch*, so muß man hinzufügen: Aber sie bewegt sich nicht ohne uns, sagt Goethe, sagt Kükelhaus. Sie bewegt mich mit. Was man von Kükelhaus auch lernen kann, ist, daß Wissenschaft nicht etwas ist, daß weit weg draußen geschieht und nichts mit mir zu tun hat. Im Gegenteil: Alles Verstehen beginnt mit der eigenen Denkgestik, dem eigenen Begreifen und Betasten der Dinge; keine Wissenschaft ohne dies geradezu körperlich erlebte Erstaunen.

Literatur

Vorwort

Luc Bürgin, *Irrtümer der Wissenschaft. Verkannte Genies, Erfinderpech und kapitale Fehlurteile.* München: Herbig 1997.

Paul Collins, *Verhinderte Helden. 13 Geschichten von berühmten Unbekannten.* Frankfurt/M.: Fischer Verlag 2003.

Federico Di Trocchio, *Newtons Koffer. Querdenker und ihre Umwege in die Wissenschaft.* Reinbek bei Hamburg: Rowohlt 2001.

Ernst Peter Fischer, *Die aufschimmernde Nachtseite der Wissenschaft.* Lengwil: Libelle 1995.

Ermanno Gallo, *Geni incompresi. Eccentrici, perseguitati, plagiati, sfortunati, derisi, vilipesi…* Casale Monferrato: Piemme 2003.

Martin Gardner, *Fads and Fallacies in the Name of Science.* New York: Dover 1957.

John Michell, *Exzentrische Leben und merkwürdige Angewohnheiten.* Frankfurt/M.: Zweitausendeins 1992.

Michael Shermer, *The Borderlands of Science. Where Sense Meets Nonsense.* Oxford: Oxford University Press 2001.

Edith Sitwell, *The English Eccentrics.* London: Faber 1933.

Hans-Peter Waldrich, *Grenzgänger der Wissenschaft.* München: Kösel 1993.

David Weeks, Jamie James, *Exzentriker. Über das Vergnügen, anders zu sein.* Reinbek bei Hamburg: Rowohlt 1997.

Juan Rodolfo Wilcock, *The Temple of Iconoclasts.* San Francisco: Mercury House 2000.

Athanasius Kircher

Joscelyn Godwin, *Athanasius Kircher. A Renaissance Man and the Quest for Lost Knowledge.* London: Thames and Hudson 1979.

Eugenio Lo Sardo (Hg.), *Athanasius Kircher. Il museo del mondo.* Rom: Edizioni di Luca 2001 (Ausstellungskatalog).

Universale Bildung im Barock. Der Gelehrte Athanasius Kircher. Eine Ausstellung der Stadt Rastatt. Rastatt: Stadt Rastatt 1981.

Siegfried Zielinski, *Archäologie der Medien.* Reinbek bei Hamburg: Rowohlt 2002.

Orffyreus *alias* Johann Ernst Elias Bessler

Rupert Thomas Gould, *Oddities. A Book of Unexplained Facts.* New York: University Books 1965, S. 89–116.

Frida Ichak, *Das Perpetuum mobile.* Leipzig, Berlin: Teubner 1914.

Stanislaw Michal, *Das Perpetuum mobile gestern und heute.* Düsseldorf: VDI–Verlag 1981.

Robert Park, *Fauler Zauber. Betrug und Irrtum in den Wissenschaften.* Hamburg: Europa Verlag 2002.

Internet: www.besslerwheel.com/

Maria Sibylla Merian

Anita Albus, *Paradies und Paradox. Wunderwerke aus fünf Jahrhunderten.* Frankfurt/M.: Eichborn 2002.

Helmut Kaiser, *Maria Sibylla Merian. Eine Biographie.* München: Piper 1999.

Dieter Kühn, *Frau Merian! Eine Lebensgeschichte.* Frankfurt/M.: Fischer 2002.

Maria Sibylla Merian, *Das Insektenbuch.* Frankfurt/M., Leipzig: Insel 1991.

Margaret Cavendish

Margaret Alic, *Hypatias Töchter. Der verleugnete Anteil der Frauen an der Wissenschaft.* Zürich: Unionsverlag 1987.

Margaret Cavendish, *The Blazing World & Other Writings.* London: Penguin 1994.

Londa Schiebinger, *Frauen in den Anfängen der modernen Wissenschaft.* Stuttgart: Klett-Cotta 1993.

Elisabeth Wilhelmine Strauß, *Die Arithmetik der Leidenschaften. Margaret Cavendishs Naturphilosophie.* Stuttgart: Metzler 1999.

Isaac Newton

Jean-Paul Auffray, *Newton ou le Triomphe de l'alchimie.* Paris: Le Pommier-Fayard 2000.

Federico Di Trocchio, *Newtons Koffer. Querdenker und ihre Umwege in die Wissenschaft.* Reinbek bei Hamburg: Rowohlt 2001.

Betty Jo Dobbs, *The Foundations of Newton's Alchemy.* Cambridge: Cambridge University Press 1975.

John Fauvel, R. Flood et al. (Hg.), *Let Newton Be! A new perspective on his life and works.* Oxford: Oxford University Press 1988.

Niccoló Guicciardini, *Newton. Ein Naturphilosoph und das System der Welten.* Spektrum der Wissenschaft: Biografie, Heidelberg 1999.
Michael White, *Isaac Newton. The Last Sorcerer.* Reading, Mass.: Addison Wesley 1997.

Emanuel Swedenborg

Ernst Benz, *Emanuel Swedenborg: Naturforscher und Seher.* Zürich: Swedenborg Verlag 1969.
Jorge Luis Borges, *Die letzte Reise des Odysseus. Essays 1979–1982.* Frankfurt/M.: Fischer 1991.
Ralph Waldo Emerson, «Swedenborg; or, the Mystic», in: *The Complete Prose Works of R. W. Emersons.* London: Minerva o. J., S. 182–196.
Olof Lagercrantz, *Vom Leben auf der anderen Seite. Ein Buch über Emanuel Swedenborg.* Frankfurt/M.: Suhrkamp 1997.

Freiherr von Drais

Hermann Ebeling, *Der Freiherr von Drais. Das tragische Leben des «verrückten Barons». Ein Erfinderschicksal im Biedermeier.* Karlsruhe: G. Braun 1985. Diesem Buch entstammen die meisten Zitate aus den Schriften des Barons.
Joachim Krausse, «Das Fahrrad. Von der kindischen Kombinatorik zur Montage», in: Wolfgang Ruppert (Hg.), *Fahrrad, Auto, Fernsehschrank. Zur Kulturgeschichte der Alltagsdinge.* Frankfurt/M.: Fischer 1993.
Hans-Erhard Lessing (Hg.), *Ich fahr' so gerne Rad... Geschichten von der Lust, auf dem eisernen Rosse dahinzujagen.* München: dtv 1995.
Hans-Erhard Lessing, *Automobilität. Karl Drais und die unglaublichen Anfänge.* Leipzig: Maxime 2003.
Carsten Priebe, *Carl Drais von Sauerbronn. Lebensgeschichte eines verkannten Erfinders.* Books on Demand 2001.

Charles Babbage

Charles Babbage, *Passages from the Life of a Philosopher.* New Brunswick: Rutgers University Press 1994.
Bernhard Dotzler (Hg.), *Babbages Rechenmaschinen.* Wien, New York: Springer 1996.
William Gibson, Bruce Sterling, *The Difference Engine.* London: Gollancz 1990.
Anthony Hyman, *Charles Babbage 1791–1871. Philosoph, Mathematiker, Computerpionier.* Stuttgart: Klett-Cotta 1987.

Francis Spufford, Jenny Uglow (Hg.), *Cultural Babbage. Technology, Time and Invention*. London: Faber 1996.

Doron Swade, *Charles Babbage and his Calculating Engines*. London: Science Museum 1991.

Augusta Ada Lovelace

Margaret Alic, *Hypatias Töchter. Der verleugnete Anteil der Frauen an der Wissenschaft*. Zürich: Unionsverlag 1987.

Betty Alexandra Toole (Hg.), *Ada, the Enchantress of Numbers. A Selection from the Letters of Lord Byron's Daughter and Her Description of the First Computer*. Mill Valley, Cal.: Strawberry Press 1992.

Benjamin Woolley, *The Bride of Science. Romance, Reason and Byron's Daughter*. London: Macmillan 1999.

Gustav Theodor Fechner

Michael Heidelberger, *Die innere Seite der Natur. Gustav Theodor Fechners wissenschaftlich-philosophische Weltauffassung*. Frankfurt/M.: Vittorio Klostermann 1993.

Kurd Lasswitz, *Gustav Theodor Fechner*. Stuttgart: Friedrich Frommann 1896.

Gert Mattenklott, *Blindgänger. Physiognomische Essays*. Frankfurt/M.: Suhrkamp 1986.

Hans-Peter Waldrich, *Grenzgänger der Wissenschaft*. München: Kösel 1993.

Eine CD-Rom mit ca. 7000 Seiten aus Fechners Schriften ist erhältlich bei: www.uni-leipzig.de/~fechner

Francis Galton

Francis Galton, *Memories of my Life*. London: Methuen 1909.

Nicholas Wright Gillham, *A Life of Sir Francis Galton*. Oxford: Oxford University Press 2001.

John Michell, *Exzentrische Leben und merkwürdige Angewohnheiten*. Frankfurt/M.: Zweitausendeins 1992.

Karl Pearson, *The Life, Letters and Labours of Francis Galton*. Cambridge: Cambridge University Press 1914–30.

August Strindberg

Olof Lagercrantz, *August Strindberg. Biographie*. Frankfurt/M.: Insel 1984.

Elmar Schenkel, *Die Elixiere der Schrift. Literatur und Alchemie*. Eggingen: Edition Isele 2003.

Peter Schütze, *August Strindberg*. Reinbek bei Hamburg: Rowohlt 1990.
August Strindberg, *Natur-Trilogie*. München: Müller 1921.
August Strindberg, *Aus meinem Leben*. München: Goldmann 1961.
August Strindberg, *Verwirrte Sinneseindrücke. Schriften zu Malerei, Photographie und Naturwissenschaften*. Dresden: Verlag der Kunst 1998.

Nikola Tesla

Margaret Cheney, Robert Uth, *Tesla: Master of Lightning*. New York: MetroBooks 2001.
Nikola Tesla, *My Inventions. The Autobiography of Nikola Tesla*. New York: Barnes and Noble 1995.

Charles Howard Hinton

Charles Howard Hinton, *Speculations on the Fourth Dimension. Selected Writings of Charles H. Hinton*. Hrsg. v. Rudolf B. Rucker, New York: Dover 1980.
Charles Howard Hinton, *Wissenschaftliche Erzählungen*. Hrsg. von Jorge Luis Borges, Bibliothek von Babel. Stuttgart: Weidbrecht 1983.
Linda Dalrymple Henderson, *The Fourth Dimension: Non-Euclidean Geometry in Modern Art*. Princeton: Princeton University Press 1983, Neuaufl. 2004.
Michio Kaku, *Hyperspace. A Scientific Odyssee Through the 10th Dimension*. Oxford: Oxford University Press 1995.
Rudy Rucker, *Die Wunderwelt der Vierten Dimension*. München: Knaur 1991.

Marie Curie

Catherine Caufield, *Das strahlende Zeitalter. Von der Entdeckung der Röntgenstrahlen bis Tschernobyl*. München: C. H. Beck 1984.
Eve Curie, *Madame Curie*. Frankfurt/M.: Fischer 1952.
Peter Ksoll, Fritz Vögtle, *Marie Curie*. Reinbek bei Hamburg: Rowohlt 1988.
Pierre Radvanyi, *Die Curies. Eine Dynastie von Nobelpreisträgern*. Spektrum der Wissenschaft: Biografie, Heft 2/2003.
Paul Strathern, *Curie & die Radioaktivität*. Frankfurt/M.: Fischer 1999.

Sir Arthur Conan Doyle

Arthur Conan Doyle, *The Coming of the Fairies*. London: Hodder and Stoughton 1922.

Joe Cooper, *The Case of the Cottingley Fairies*. London: Simon & Schuster 1990.

Edward L. Gardner, *A Book of Real Fairies: the Cottingley photographs and their sequel*. London: Theosophical Publishing House 1945, repr. 1984.

Kelvin I. Jones, *Conan Doyle and the Spirits. The spiritualist career of Sir Arthur Conan Doyle*. Wellingborough: The Aquarian Press 1989.

Diane Purkiss, *Troublesome Things. A History of Fairies and Fairy Stories*. London 2000.

Daniel Stashower, *Teller of Tales. The Life of Arthur Conan Doyle*. New York: Henry Holt 1999.

Santiago Ramón y Cajal

Santiago Ramón y Cajal, *Recollections of My Life*, Cambridge, Mass.: MIT Press 1937.

Santiago Ramón y Cajal, *Vacation Stories. Five Science Fiction Tales*. Übers. und hrsg. von Laura Otis, Urbana, Chicago: University of Illinois Press 2001.

William R. Everdell, *The First Moderns. Profiles in the Origins of Twentieth-Century Thought*. Chicago: University of Chicago Press 1997.

Stanley Finger, *Minds Behind the Brain. A History of the Pioneers and their Discoveries*. Oxford: Oxford University Press 2000.

José M. López Piñero, *Ramón y Cajal*. Barcelona: Salvat Editores 1985.

Frederick de Selby

Gérard Le Fournier, *De Selby – Dieu ou Homme?* Rennes: Publications de la Société Brocéliande 1965.

Gérard Le Fournier, *De Selby – L'Énigme de l'Occident*. Paris: Éditions de Toujours 1972, Neuaufl. 2003.

Wilhelm Kraus, *De Selbys Leben*. Hamburg: Verlag Böhm & Kunz 1929.

Myles na Gopaleen, *Aus dem Leben der Polizei*. Wellington, NZ: Deutscher Lesekreis Neuseeland 1931.

Alfred William Lawson

Martin Gardner, *Fads and Fallacies in the Name of Science*. New York: Dover 1957.

Juan Rodolfo Wilcock, *The Temple of Iconoclasts*. San Francisco: Mercury House 2000.

Charles Fort

Charles Fort, *Neuland.* Frankfurt/M.: Zweitausendeins 1996.
Charles Fort, *Da!* Frankfurt/M.: Zweitausendeins 1997.
Charles Fort, *Wilde Talente.* Frankfurt/M.: Zweitausendeins 1998.
Louis Kaplan, *Witzenschaftliche Weltbetrachtungen. Das verdammte Universum des Charles Fort.* Berlin: Gatza 1991.
Ulrich Magin, *Der Ritt auf dem Kometen. Über Charles Fort.* Frankfurt/M.: Zweitausendeins 1997.

Alan Turing

Martin Burckhardt, *Vom Geist der Maschine.* Frankfurt/M.: Campus 1999.
Rolf Hochhuth, *Alan Turing.* Erzählung. Reinbek bei Hamburg: Rowohlt 1998.
Alan Hodges, *Alan Turing, Enigma.* Wien, New York: Springer 1994.
Paul Strathern, *Turing & der Computer.* Frankfurt/M.: Fischer 1998.

Hugo Kükelhaus

Hugo Kükelhaus, *Unmenschliche Architektur – von der Tierfabrik zur Lernanstalt.* Köln: Gaia 1973.
Otto Schärli, *Begegnungen mit Hugo Kükelhaus.* Stuttgart: Mayer 2001.
Elmar Schenkel, *Sinn und Sinne. Drei Versuche zu Hugo Kükelhaus.* Stuttgart: Flugasche 1991.
Internet: www.uni-leipzig.de/~angl./kuekelhaus